제 2 교시

수학 영역

5지선다형

1. $\sin\theta = \dfrac{1}{3}$일 때, $\dfrac{1}{\cos^2\theta} + \dfrac{\tan\theta}{\cos\theta}$의 값을 구하시오. [2점]

① $\dfrac{1}{2}$　　② 1　　③ $\dfrac{3}{2}$　　④ 2　　⑤ $\dfrac{5}{2}$

2. 두 상수 a, b에 대하여

$$\lim_{x \to 1} \frac{\sqrt{x+a}-2}{x-1} = b$$

일 때, $a+b$의 값을 구하시오. [2점]

① $\dfrac{9}{4}$　　② 2　　③ $\dfrac{13}{4}$　　④ 4　　⑤ $\dfrac{17}{4}$

3. 등비수열 a_n에 대하여

$$a_4 = 24, \quad \frac{a_5 a_7}{a_9} = 12$$

일 때, a_2의 값을 구하시오. [3점]

① 2　　② 4　　③ 6　　④ 8　　⑤ 10

4. 정의역이 $\{x \mid -2 \le x \le 2\}$인 함수 $y = f(x)$의 그래프가 그림과 같다. $\displaystyle\lim_{x \to 1} f(x)f(x-2)$의 값을 구하시오. [3점]

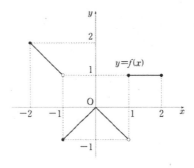

① -1　　② 0　　③ 1　　④ 2　　⑤ 3

5. 최고차항의 계수가 1인 삼차함수 $f(x)$가 다음을 만족한다.

> (가) $f'(2)=0$
> (나) $f(-1)=f(2)$, $f(0)=3$

$f(4)$의 값을 구하시오. [3점]

① 15　　　② 17　　　③ 19　　　④ 21　　　⑤ 23

6. $0 \le x < 2\pi$일 때, 삼각 방정식

$$\sin x = \sin 2x$$

를 만족하는 모든 x값의 합을 구하시오. [3점]

① π　　　② 2π　　　③ 3π　　　④ 4π　　　⑤ 5π

7. 함수 $f(x)=|x||(x-1)|x-2|$에 대하여 $\displaystyle\int_0^3 f(x)dx$의 값을 구하시오. [3점]

① -1　　　② 0　　　③ $\dfrac{5}{2}$　　　④ $\dfrac{9}{4}$　　　⑤ 4

8. 최고차항의 계수가 1인 삼차함수 $f(x)$에 대하여 함수 $g(x) = \int_0^x f(t)dt$가 다음 조건을 만족한다.

> (가) $f(x) = 0$은 서로 다른 두 실근을 갖는다.
> (나) $f(x)$의 그래프는 $x = 2$에서 극솟값을 갖는다.
> (다) $|g(x)|$는 $x = 3$에서 극댓값을 갖는다.

$|g(3)|$의 값을 구하시오. [3점]

① $\dfrac{25}{4}$ ② $\dfrac{27}{4}$ ③ $\dfrac{29}{4}$ ④ $\dfrac{31}{4}$ ⑤ $\dfrac{33}{4}$

9. 최고차항의 계수가 1인 삼차함수 $f(x)$가

$$\lim_{x \to 2} \frac{f'(x)(x-2)^3}{f(x)^2} = \frac{2}{3}$$

를 만족할 때, $f(3)$의 값을 구하시오. [4점]

① -1 ② 0 ③ 1 ④ 3 ⑤ 4

10. 함수

$$f(x) = \begin{cases} -x & (x \le 1) \\ 2x-3 & (x > 1) \end{cases}$$

에 대하여 x에 대한 함수 $f(x)\{f(x-\alpha)+\beta\}$가 실수 전체에서 미분가능 하도록 하는 모든 α값의 합을 구하시오. [4점]

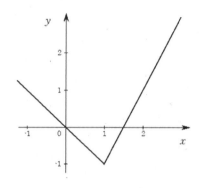

① $-\dfrac{3}{2}$ ② -1 ③ $-\dfrac{1}{2}$ ④ 1 ⑤ $\dfrac{3}{2}$

11. 모든 실수 x에서 $f(x)$가 다음을 조건을 만족한다.

$$\{f(x)+x^2-1\}\{f(x)-|x-1|\}=0$$

$\displaystyle\int_0^2 \{f(x)-1\}^2 dx$가 최소가 되도록 하는 연속함수 $f(x)$에 대하여 $\displaystyle\int_0^2 f(x)dx$의 값을 구하시오. [4점]

① $\dfrac{2}{3}$ ② $\dfrac{5}{6}$ ③ 1 ④ $\dfrac{7}{6}$ ⑤ $\dfrac{4}{3}$

12. 그림과 같이 $\overline{AB}=2$, $\overline{BC}=4$이고, $\sin(\angle ACB)=\dfrac{\sqrt{15}}{8}$를 만족하는 삼각형 ABC가 원에 내접하고 있다. 원 위의 점 D에 대하여 $\angle BAD=\angle DAC$일 때, 선분 $\overline{BD}$의 길이를 구하시오. (단, $\angle BAC$는 둔각이다.) [4점]

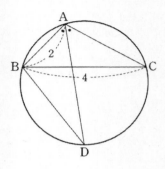

① $\sqrt{6}$ ② $\dfrac{3\sqrt{6}}{2}$ ③ $2\sqrt{2}$ ④ $\dfrac{4\sqrt{6}}{3}$ ⑤ $2\sqrt{3}$

13. 등차수열 $\{a_n\}$이 다음 조건을 만족한다.

> (가) $a_3 a_4 \leq 0$
>
> (나) $\displaystyle\sum_{k=1}^{5} |a_k| = \left(\sum_{k=1}^{5} a_k\right) + 12$

a_5의 값이 정수일 때, a_5가 가질 수 있는 모든 값의 합을 구하시오. [4점]

① -5 ② -1 ③ 1 ④ 3 ⑤ 5

14. 최고차항의 계수가 1인 삼차함수 $f(x)$에 대하여 함수 $g(x)$를

$$g(x) = f(x) + |f'(x)|$$

라 할 때, 두 함수 $f(x)$, $g(x)$가 다음 조건을 만족한다.

> (가) $f(0) = g(0)$
>
> (나) 방정식 $f(x) = g(x)$는 양의 실근을 갖는다.
>
> (다) 함수 $g(x)$의 그래프는 서로 다른 두 실근을 가진다.

$g(x) = t$가 서로 다른 네 실근을 갖도록 하는 t의 최솟값이 32일 때, $g(1)$의 값을 구하시오. [4점]

① 24 ② 28 ③ 32 ④ 36 ⑤ 40

15. 양의 실수 p와 수열 $\{a_n\}$이 모든 자연수 n에 대하여

$$a_{n+1} = \begin{cases} n+a_n & (a_n < n) \\ a_n - p & (a_n \ge n) \end{cases}$$

를 만족한다. 수열 $\{a_n\}$이 다음 조건을 만족하는 모든 p값의 합을 구하시오. [4점]

> (가) $a_4 = 5$
>
> (나) $\sum_{k=1}^{4} a_k = 38$

① 34   ② 37   ③ 40   ④ 43   ⑤ 46

단답형

16. 수열 $\{a_n\}$을

$$a_n = \sum_{k=1}^{n} k(n-k+1)$$

라 할 때, a_{10}의 값을 구하시오. [3점]

17. 최고차항의 계수가 1인 다항함수 $f(x)$가 임의 실수 x에 대하여 $2f(x) = (x-1)\{f'(x)+3\}$을 만족할 때, $f(3)$의 값을 구하시오. [3점]

18. 그림과 같이 원점 O와 곡선 $y = x^2 - 2x$ 위의 점 P$(t,\ t^2 - 2t)$에 대하여 곡선 위의 점 중 접선의 기울기가 직선 $\overline{OP}$와 평행이 되도록 하는 점을 Q라 한다. 직선 $\overline{OQ}$의 기울기를 실수 t에 대한 함수 $f(t)$라 할 때, $\displaystyle\lim_{t \to 1} f(t) = -\dfrac{q}{p}$이다. $p + q$의 값을 구하시오. (단, p, q는 서로소인 자연수) [3점]

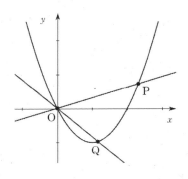

19. 공차가 0이 아닌 등차수열 $\{a_n\}$의 첫째항부터 제 n항까지의 합을 S_n이라 하자. $|S_3 - 3| = 3$, $|S_7| = 14$일 때, 수열 a_n의 모든 공차의 합을 p이다. p^2의 값을 구하시오. [3점]

20. 실수 $a(a > 0)$에 대하여 수직선 위를 움직이는 점 P의 시각 t에서의 속도 $v(t)$를

$$v(t) = (t^2 - 1)(t + a)(t - 2a)$$

라 하자. 점 P가 운동 방향을 두 번 바꾸도록 하는 a에 대하여, 시각 $t = -1$에서 $t = 1$까지 점 P의 위치 변화량의 최댓값이 $\dfrac{q}{p}$이다. $p + q$의 값을 구하시오. (t는 실수 전체이고 p, q는 서로소인 자연수) [4점]

21. $a>1$, $b>1$인 두 실수 a, b에 대하여 곡선 $y=\log_a x$와 $y=b^{-x}$가 만나는 점의 좌표를 $(\alpha,\ \beta)$라 하자. <보기>의 각 명제에 대하여 다음 규칙에 따라 A, B, C의 값을 정할 때, $A+B+C$의 값을 구하시오. (단, $A+B+C\neq 0$) [4점]

- 명제 ㄱ이 참이면 $A=100$, 거짓이면 $A=0$이다.
- 명제 ㄴ이 참이면 $A=10$, 거짓이면 $A=0$이다.
- 명제 ㄷ이 참이면 $A=1$, 거짓이면 $A=0$이다.

<보 기>

ㄱ. a가 일정할 때, b가 증가하면 α의 값은 감소한다.

ㄴ. a가 감소하고 b가 감소하면 β의 값은 증가한다.

ㄷ. 부등식 $a^t+\log_b t>0$를 만족하는 실수 t에 대하여 $t>\beta$이다.

---

22. 함수

$$f(x)=\begin{cases} x^2 & (x^2 \leq |x-t|) \\ |x-t| & (x^2 > |x-t|) \end{cases}$$

에 대하여 실수 전체에서 연속인 함수 $g(x)$가

$$f(x)=|g(x)|$$

를 만족한다. 함수 $h(x)=\displaystyle\int_a^x g(x)dx$가 $x=0$에서 극소 $x=2$에서 극대를 가질 때, 방정식 $h(x)=0$의 서로 다른 실근의 합이 3이 되도록 하는 모든 양의 실수 a의 합을 구하시오. [4점]

제2교시

수학 영역(미적분)

5지선다형

23. $\displaystyle\int_0^{\frac{\pi}{2}} \frac{\sin 2x}{\sin^2 x + 1}\,dx$의 값은? [2점]

① $\ln 2$ ② 1 ③ $2\ln 2$ ④ $2e$ ⑤ $4e$

24. 곡선 $\dfrac{\ln y + 2}{e^x} = 2y$ 위의 점 $(0,\ 1)$에서의 접선의 기울기

$\dfrac{dy}{dx}$의 값을 구하시오. [3점]

① -2 ② 0 ③ 1 ④ 2 ⑤ 4

25. 그림과 같이 곡선 $y = \sin x$위의 점 $P(t, \sin t)$에서의 접선 l과 접선 l에 수직이고 점 P를 지나는 직선 m이 있다. 두 직선 l, m에 모두 접하고 중심이 y축 위에 있는 원의 넓이를 $S(t)$라고 할 때, $\displaystyle\lim_{t \to 0} \frac{S(t)}{\pi t^2}$의 값을 구하시오. (단, $0 < t < \dfrac{\pi}{2}$) [3점]

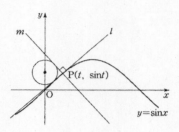

① $\dfrac{1}{2}$ ② 1 ③ $\dfrac{3}{2}$ ④ 2 ⑤ $\dfrac{5}{2}$

26. 함수 $y = e^x$의 그래프 위의 점 P에서 접선 중 기울기가 t인 직선을 l이라고 한다. 직선 l의 x절편을 점 Q, 선분 $\overline{PQ}$의 길이를 t에 대한 함수 $g(t)$라고 정의할 때, $g'(e)$의 값을 구하시오. [3점]

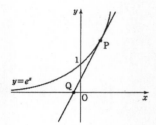

① $\dfrac{1}{\sqrt{1+e}}$ ② $\dfrac{e}{\sqrt{1+e}}$ ③ $\dfrac{2e}{\sqrt{1+e}}$

④ $\dfrac{e}{\sqrt{1+e^2}}$ ⑤ $\dfrac{2e}{\sqrt{1+e^2}}$

27. 양의 실수 전체에서 미분가능한 함수 $f(x)$가 다음 조건을 만족한다.

> (가) $f(1) = \dfrac{1}{4}$
>
> (나) $t \geq 1$인 모든 실수 t에 대하여 $1 \leq x \leq t$에서 곡선 $f(x)$의 길이는 $\ln t + f(t) - \dfrac{1}{4}$이다.

$f(e)$의 값을 구하시오. [3점]

① $\dfrac{e^2}{2} - 1$　　　② $\dfrac{e^2}{2} - \dfrac{1}{2}$　　　③ $\dfrac{e^2}{2}$

④ $\dfrac{e^2}{4} - 1$　　　⑤ $\dfrac{e^2}{4} - \dfrac{1}{2}$

28. 두 함수 $f(x)$, $g(x)$를 각각

$$f(x) = \lim_{n \to \infty} \frac{x^{2n+1} + x + 1}{x^{2n} + 1}, \quad g(x) = (x+1)(x-t) + 1$$

라고 정의한다. 방정식 $f(x) = g(x)$의 서로 다른 실근의 개수를 함수 $h(t)$라 할 때, 실수 전체에서 정의된 함수 $h(t)$의 불연속점의 개수를 구하시오. [4점]

29. 실수 전체에서 정의된 함수 $f(x) = 3e^{|\sin x|} + a|\sin x| + b$가 다음 조건을 만족시킨다.

> (가) 함수 $f(x)$는 전 구간에서 미분가능하다.
> (나) $f(x)$의 최솟값은 1이다.

두 상수 a, b의 곱 ab의 값을 구하시오. [4점]

30. 수열 $\{a_n\}$은 등비수열이고, 수열 $\{b_n\}$을 모든 자연수에 n에 대하여

$$b_n = \begin{cases} n & (|a_n| > n) \\ a_n & (|a_n| \le n) \end{cases}$$

이라 할 때, 수열 $\{b_n\}$이 다음 조건을 만족한다.

> (가) $b_3 = 3$, $|b_4| < 4$
> (나) $\displaystyle\lim_{n\to\infty}\sum_{k=1}^{n} b_{2k-1} = \frac{11}{2}$, $\displaystyle\lim_{n\to\infty}\sum_{k=1}^{n} b_k = \frac{9}{2}$

a_1의 값을 구하시오. [4점]

* 확인 사항
○ 답안지의 해당란에 필요한 내용을 정확히 기입(표기)했는지 확인 하시오. ○

제2교시

수학 영역

5지선다형

1. $\dfrac{1}{\cos^2\theta} + \dfrac{\tan\theta}{\cos\theta} = \dfrac{3}{2}$ 일 때, $\sin\theta$의 값을 구하시오. [2점]

① $\dfrac{1}{3}$ ② $\dfrac{1}{4}$ ③ $\dfrac{1}{5}$ ④ $\dfrac{1}{6}$ ⑤ $\dfrac{1}{7}$

2. 수열 $\{a_n\}$이 모든 자연수 n에 대하여

$$a_{n+1} = a_n + n$$

을 만족한다. $a_2 + a_3 = a_4$일 때, a_3의 값을 구하시오. [2점]

① 2   ② 3   ③ 5   ④ 7   ⑤ 11

3. 함수

$$f(x) = \begin{cases} x^2 + ax + 1 & (x \le 2) \\ 2x + b & (x > 2) \end{cases}$$

가 실수 전체에서 미분 가능할 때, $a+b$의 값을 구하시오. [3점]

① -2 ② -3 ③ -5 ④ 1   ⑤ 4

4. $\log 2 = p$, $\log 3 = q$라고 할 때, $\log_5 12$를 p, q로 나타낸 것을 고르시오. [3점]

① $\dfrac{2p+q}{1+q}$ ② $\dfrac{p+2q}{1+p}$ ③ $\dfrac{p+q}{1-p}$ ④ $\dfrac{2p+q}{1-p}$ ⑤ $\dfrac{p+2q}{1-p}$

5. 그림과 같이 좌표평면 위의 점 A(1, 0), B(3, 0)을 지나고 직선 $y=nx$에 접하는 원이 있다. 이 원의 중심의 x, y좌표를 각각 a_n, b_n이라 할 때, $\lim_{n\to\infty}(a_n+b_n)$의 값을 구하시오. (단, a_n, b_n은 양수) [3점]

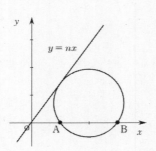

① $2-\sqrt{3}$　　　② 2　　　③ $2+\sqrt{3}$
④ 4　　　⑤ 5

6. 실수 전체에서 정의된 함수 $f(x)=x^3+2x+1$에 대하여 $f(x)$의 역함수를 $g(x)$라고 정의한다.

$\int_0^1 f(x)dx + \int_1^4 g(x)dx$의 값을 구하시오. [3점]

① 2　　② 4　　③ 5　　④ 6　　⑤ 9

7. 그림과 같이 구간 [0, 3]에서 정의된 두 함수 $f(x)$, $g(x)$에 대하여 [보기] 중 옳은 것을 모두 고르시오. [3점]

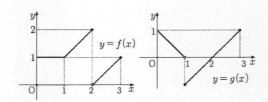

<보 기>

ㄱ. 함수 $f(x)g(x)$는 $x=2$에서 연속이다.
ㄴ. 함수 $f(x)g(x+1)$는 $x=1$에서 미분가능하다.
ㄷ. $0<x<3$일 때, $\{f(x)-1\}g(x)$의 그래프는 두 점에서 미분 불가능하다.

① ㄱ　　　② ㄷ　　　③ ㄱ, ㄴ
④ ㄱ, ㄷ　　　⑤ ㄱ, ㄴ, ㄷ

8. 그림과 같이 중심이 O인 원 위의 점 A에서의 접선 위에 점 T가 있다. 이 원 위에 ∠BAT=60°가 되도록 점 B를 잡고, 점 B와 중심 O를 지나는 직선이 이 원과 만나는 점 중 B가 아닌 점을 C라 하자. 또 선분 AB의 중점을 M이라 하고, 점 M과 중심 O를 지나는 직선이 이 원과 만나는 두 점 중 점 M에서 거리가 먼 점을 D라 하자. $\overline{OM}=1$일 때, 부채꼴 ODC의 넓이는? [3점]

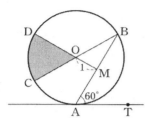

① $\dfrac{2}{3}\pi$ ② π ③ $\dfrac{4}{3}\pi$ ④ $\dfrac{5}{3}\pi$ ⑤ 2π

9. 등차수열 a_n이 다음 조건을 만족한다.

> (가) $a_1 a_3 \le 0$
> (나) $a_4 \le 4,\ a_5 \ge 2$

수열 a_n의 공차의 최댓값을 M, 최솟값을 m이라 할 때, $M+m$의 값을 구하시오. [4점]

① $\dfrac{5}{2}$ ② $\dfrac{7}{2}$ ③ $\dfrac{9}{2}$ ④ $\dfrac{11}{2}$ ⑤ $\dfrac{13}{2}$

10. $f(x)=x^2|x-2|$에 대하여 [보기] 중 옳은 것을 모두 고르시오. [4점]

> <보 기>
>
> ㄱ. $\displaystyle\lim_{x\to 0}\dfrac{f(x)}{x^2}=2$
>
> ㄴ. $\displaystyle\lim_{h\to 0}\dfrac{f(2+h)-f(2-h)}{2h}=0$
>
> ㄷ. $\displaystyle\lim_{h\to 0}\dfrac{f(2+2h)-f(2-h)}{3h}$의 값이 존재한다.

① ㄱ ② ㄷ ③ ㄱ, ㄴ
④ ㄴ, ㄷ ⑤ ㄱ, ㄴ, ㄷ

11. 함수 $f(x)=1-x^2$과 x축과의 교점을 A, B라고 하고, y축과의 교점을 C라 하자. $f(x)$ 위의 제1사분면 위의 동점 P$(t,\ f(t))$에 대하여 직선 CP와 x축과의 교점을 Q, 직선 AP와 점 Q를 지나고 x축에 수직인 직선과의 교점을 R이라 할 때, 삼각형 BPQ의 넓이를 $S(t)$, 삼각형 PQR의 넓이를 $T(t)$라고 정의한다. $\lim\limits_{t \to 1}\dfrac{T(t)}{S(t)}$의 값을 구하시오. [4점]

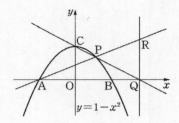

① $\dfrac{1}{2}$ ② 1 ③ 2 ④ $\dfrac{3}{2}$ ⑤ 4

12. 실수 k에 대하여 구간 $0 \le x < 2\pi$에서 방정식 $2\cos^2 x = \sin x + k$을 만족하는 서로 다른 실근의 개수는 3이다. 이 세 실근을 작은 것부터 차례로 $x_1,\ x_2,\ x_3$이라 할 때, $x_2 - x_1$의 값을 구하시오. [4점]

① $\dfrac{\pi}{6}$ ② $\dfrac{\pi}{3}$ ③ $\dfrac{\pi}{2}$ ④ $\dfrac{2}{3}\pi$ ⑤ $\dfrac{5}{6}\pi$

13. 두 함수 $y=x^2$, $y=2^{-x}$의 그래프가 만나는 점 중 $x>0$인 점의 좌표를 $(x_1,\ y_1)$라 할 때, 다음 중 옳은 것을 모두 고르시오. [4점]

<보 기>

ㄱ. $y_1 < -\dfrac{1}{2}x_1 + 1$

ㄴ. $y_1 - \dfrac{1}{4} < \dfrac{3}{2}\left(x_1 - \dfrac{1}{2}\right)$

ㄷ. $y_1 < \dfrac{5}{8}$

① ㄱ   ② ㄱ, ㄴ   ③ ㄱ, ㄷ

④ ㄴ, ㄷ   ⑤ ㄱ, ㄴ, ㄷ

14. 실수 전체에서 미분가능한 함수 $f(x)$와 최고차항의 계수가 1인 사차함수 $g(x)$가

$$g(x)=\begin{cases} -\displaystyle\int_0^x f(t)dt & (x \le a) \\[2mm] \displaystyle\int_0^x f(t)dt & (x > a) \end{cases}$$

을 만족할 때, 다음 중 옳은 것을 모두 고르시오. [4점]

<보 기>

ㄱ. $f(a) = 0$

ㄴ. 함수 $|f(x)|$는 한 점에서 미분가능하지 않다.

ㄷ. $\displaystyle\int_t^x f(x)dx = 0$가 서로 다른 두 실근을 갖도록 하는 t의 값은 4개다.

① ㄱ   ② ㄱ, ㄴ   ③ ㄱ, ㄷ

④ ㄴ, ㄷ   ⑤ ㄱ, ㄴ, ㄷ

15. 열린 구간 $(0,\ 2\pi)$에서 정의된 함수 $f(x)=2x+\tan x$가 $x=\alpha$, $x=\beta$에서 근을 가진다. 다음 중 옳은 것을 모두 고르시오. (단, $\alpha < \beta$) [4점]

<보 기>

ㄱ. $\alpha+\pi > \beta$

ㄴ. $\dfrac{\tan\alpha - \tan\beta}{\pi+\alpha-\beta} > f'(\alpha)-2$

ㄷ. $\displaystyle\int_{\alpha+\pi}^{\beta} \tan x\,dx < (\pi+\alpha-\beta)(\alpha+\beta)$

① ㄱ 　　　　② ㄱ, ㄴ 　　　　③ ㄱ, ㄷ
④ ㄴ, ㄷ 　　　⑤ ㄱ, ㄴ, ㄷ

단답형

16. 함수 $f(x)$가 모든 실수 x에 대하여 등식

$$\int_{1}^{x}(x-t)f(t)dt = x^3+ax^2-5x+b$$

를 만족시킬 때, $2a+b$의 값은? (단, a, b는 상수이다.) [3점]

17. 다항함수 $f(x)$가 원점 $(0,\ 0)$를 지나고

$$\lim_{x\to\infty} \frac{xf(x)-x^3+2x}{x^2} = 2$$

를 만족할 때, $f(2)$의 값을 구하시오. [3점]

18. 첫째항이 양수이고 $a_{10} = 0$인 등차수열의 첫째항부터 제 n항까지의 합을 S_n이라 할 때, $\sum_{k=n}^{n+3} S_k$의 값이 최대가 되도록 하는 자연수 n의 값을 구하시오. [3점]

19. 등차수열 a_n과 첫째항부터 n항까지의 합 S_n이 다음 조건을 만족한다.

(가) $S_k = S_l$를 만족하는 순서쌍 $(k,\ l)$의 개수는 5개다.
　　 (단, $k < l$인 자연수)
(나) $a_n = 0$을 만족하는 자연수 n이 존재한다.

$\dfrac{S_{13}}{S_{12}} = \dfrac{q}{p}$이다. $p+q$의 값을 구하시오. (단, p, q는 서로소인 자연수)

[3점]

20. 최고차항 계수가 양수인 사차함수 $f(x)$와 삼차함수 $g(x)$가 다음 조건을 만족한다.

(가) 두 함수 $y = f(x)$와 $y = g(x)$의 그래프는 $x = 0,\ 1,$ 3인 세 점에서 만난다.
(나) $\displaystyle\int_0^1 f(x)dx = 1,\ \int_0^1 g(x)dx = \dfrac{4}{5}$

$g(2) - f(2)$의 값을 구하시오. [4점]

21. 자연수 n에 대하여 $3\log_4\left(\dfrac{2}{n-1}\right)$의 값이 정수가 되도록 하는 n의 값을 작은 값부터 차례로 a_1, a_2, a_3, $\cdots$, a_n이라고 한다. $\displaystyle\sum_{k=1}^{4} a_k$의 값을 구하시오. [4점]

22. 최고차항의 계수가 1인 사차함수 $f(x)$에 대하여 함수 $g(x)$를

$$g(x) = \begin{cases} \dfrac{f(x)}{|x-1|} & (x \neq 1) \\[2mm] f(1) & (x=1) \end{cases}$$

라 할 때, 함수 $g(x)$는 다음 조건을 만족시킨다.

(가) 함수 $g(x)$는 실수 전체의 집합에서 미분가능하다.
(나) 방정식 $g'(x) = -3$은 서로 다른 두 실근을 갖는다.

$f(5)$의 값을 구하시오. [4점]

5지선다형

23. $\lim\limits_{x \to 0} \dfrac{x(e^{\sin 2x} - a)}{1 - \cos x} = b$일 때, 두 상수 a, b의 합 $a+b$의 값을 구하시오. [2점]

① 1　　② 2　　③ 3　　④ 4　　⑤ 5

24. 수열 $\{a_n\}$의 첫째항부터 제 n항까지의 합을 S_n이라 할 때, $S_n = \dfrac{3n}{n+1}$을 만족한다. $\lim\limits_{n \to \infty} \sum\limits_{k=1}^{n} (a_n + 2a_{n+1})$의 값을 구하시오. [3점]

① 4　　② 6　　③ 8　　④ 9　　⑤ 11

25. $\displaystyle\lim_{n\to\infty}\sum_{k=1}^{n}\frac{2k}{n^2+k^2}$ 의 값을 구하시오. [3점]

① ln2 ② ln3 ③ 2ln2 ④ ln5 ⑤ ln6

26. 그림과 같이 길이가 2인 선분 AB를 지름으로 하는 반원이 있다. 호 AB 위의 두 점 A, B가 아닌 점 C에서 선분 AB에 내린 수선의 발을 D라 하자. 호 AC 위의 점 E를 $\overline{AE}=\overline{DE}$가 되도록 잡고, 두 선분 AC, DE가 만나는 점을 F라 하자. $\angle CAB=\theta$라 할 때, 삼각형 AEF의 넓이를 $S(\theta)$, CDF의 넓이를 $T(\theta)$, CBD의 넓이를 $R(\theta)$라 한다. $\displaystyle\lim_{\theta\to0}\frac{\theta S(\theta)T(\theta)}{R(\theta)}$의 값을 구하시오. [3점]

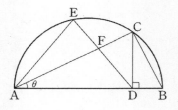

① $\dfrac{1}{4}$ ② $\dfrac{1}{2}$ ③ 1 ④ 2 ⑤ 4

27. 구간 $\left(0, \dfrac{\pi}{2}\right)$에서 함수 $f(x) = \sin x$에 대하여 $f(x)$의 역함수를 $g(x)$라고 한다. $\displaystyle\lim_{n \to \infty} \sum_{k=1}^{n} \left\{ g\left(\dfrac{k}{n}\right) - g\left(\dfrac{k-1}{n}\right) \right\} \dfrac{k}{n}$ 의 값을 구하시오. [3점]

① $\dfrac{1}{2}$　　② $\dfrac{\sqrt{3}}{3}$　　③ 1　　④ $\sqrt{3}$　　⑤ 2

28. 함수 $f(x) = \displaystyle\int_{0}^{x} (xt - t^2) e^{x-t} dt$에 대하여 다음 중 옳은 것을 모두 고르시오. (단, a는 상수) [4점]

<보 기>

ㄱ. $f'(2) = e^2 + 1$

ㄴ. 함수 $y = f(x)$는 $x = 0$에서 변곡점을 갖는다.

ㄷ. 함수 $\displaystyle\int_{a}^{x} f(x) dx$는 서로 다른 두 실근을 갖는다.

① ㄱ　　　　② ㄱ, ㄴ　　　　③ ㄱ, ㄷ
④ ㄴ, ㄷ　　　⑤ ㄱ, ㄴ, ㄷ

단답형

29. 그림과 같이 점 A(1, 0)과 원 $x^2+y^2=1$ 위의 점 P에 대하여 $\angle \text{AOP}=\theta$일 때, $\overline{\text{OP}}\perp\overline{\text{PQ}}$이고 $\overline{\text{PQ}}=\theta$를 만족하는 점 Q가 있다.

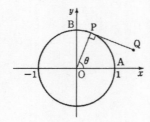

점 P가 A에서 출발하여 원의 둘레를 따라 시계 반대 방향으로 점 B까지 움직일 때, 점 Q가 그리는 자취의 길이를 l이라 하자. $\dfrac{\pi^2}{l}$의 값을 구하시오. (단, P의 x값은 Q의 x값보다 작다.) [4점]

30. 함수 $f(x)=(x^2+ax+b)e^x$ $(a,\ b$는 실수)에 대하여 x에 대한 방정식 $f(x)=f(t)$의 서로 다른 실근의 개수를 $g(t)$라고 할 때, 두 함수 $f(x)$와 $g(t)$에 대하여 서로 다른 두 실수 α, β가 다음 조건을 만족한다.

(가) 함수 $|f(x)-f(\alpha)|$의 그래프는 실수 전체에서 미분가능하다.
(나) 함수 $y=g(t)$는 $t=\beta$에서 불연속이고, $\displaystyle\lim_{t\to\beta-} g(t) = \lim_{t\to\beta+} g(t)$이다.

$\alpha+\beta=1$일 때, 방정식 $f''(x)=0$을 만족하는 모든 근의 합의 절댓값을 구하시오. (단, $\displaystyle\lim_{x\to-\infty} x^2 e^x=0$) [4점]

수학 영역

제 2 교시

5지선다형

1. $0 < \theta < \dfrac{\pi}{2}$ 에서 $\dfrac{\sin\theta}{1+\cos\theta}+\dfrac{1+\cos\theta}{\sin\theta}=\dfrac{5}{2}$ 일 때, $\tan\theta$의 값을 구하시오. [2점]

① $\dfrac{1}{3}$ ② $\dfrac{2}{3}$ ③ 1 ④ $\dfrac{4}{3}$ ⑤ $\dfrac{5}{3}$

2. 수열 $\{a_n\}$이 모든 자연수 n에 대하여

$$a_{n+1}=2a_n-1$$

을 만족시킨다. $a_4=9$일 때, a_1의 값은? [2점]

① 1 ② 2 ③ 3 ④ 4 ⑤ 5

3. 다항함수 $f(x)$가 다음 조건을 만족한다.

(가) $\lim\limits_{x\to\infty}\dfrac{f(x)}{x^2}=2$

(나) $\lim\limits_{x\to0}\dfrac{f(x)-1}{x}=3$

$f(1)$의 값을 구하시오. [3점]

① 2 ② 4 ③ 6 ④ 8 ⑤ 10

4. 양수 a와 두 실수 x, y가

$$5^x=4,\ a^y=2,\ \dfrac{2}{x}+\dfrac{1}{y}=3$$

를 만족시킬 때, a의 값을 구하시오. [3점]

① $\dfrac{2}{5}$ ② $\dfrac{4}{5}$ ③ $\dfrac{6}{5}$ ④ $\dfrac{8}{5}$ ⑤ 2

5. 삼차함수 $f(x)=x^3-3x^2+ax+1$ 위의 점 $(0,\ 1)$을 지나고 $y=f(x)$와 접하는 두 직선에 대하여, $f(x)$와 두 직선이 만나는 모든 교점의 x좌표 합을 구하시오. [3점]

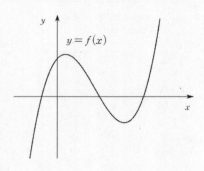

① $\dfrac{7}{2}$　　② 4　　③ $\dfrac{9}{2}$　　④ 5　　⑤ $\dfrac{11}{2}$

6. 수열 $\{a_n\}$이 다음 조건을 만족시킨다.

(가) $a_4=8$

(나) 모든 자연수 n에 대하여
$$\sum_{k=1}^{n}(a_{k+1}-a_k)=2n+1$$
이다.

$\displaystyle\sum_{k=1}^{10}a_k$의 값을 구하시오. [3점]

① 108　　② 109　　③ 110　　④ 111　　⑤ 112

7. 최고차항의 계수가 1인 삼차함수 $f(x)$가 다음을 만족한다.

(가) $f(1)=0$

(나) $\displaystyle\lim_{x\to 1}\dfrac{f(x)}{f(x+2)}=-\dfrac{1}{3}$

$f(4)$의 값을 구하시오. [3점]

① 4　　② 8　　③ 12　　④ 16　　⑤ 20

8. 실수 전체에서 연속인 함수 $f(x)$가 다음 조건을 만족할 때, $\displaystyle\int_{-2}^{1} f(x)dx$의 최댓값과 최솟값의 차를 구하시오. [3점]

> (가) $-1 \leq x \leq 0$에서 $f(x) = x^2 + 2x$이다.
> (나) 모든 실수 x에 대하여 $0 \leq f'(x) \leq 2$이다.

① 2   ② 3   ③ 4   ④ 5   ⑤ 6

9. 자연수 n에 대하여 x에 대한 방정식 $x^n - n + 4 = 0$의 실근의 개수를 a_n이라고 하자. $\displaystyle\sum_{k=1}^{10} a_k$의 값을 구하시오. [4점]

① 6   ② 8   ③ 10   ④ 11   ⑤ 12

10. 구간 $(-2, 5)$에서 정의된 함수 $y = f(x)$의 그래프가 그림과 같다.

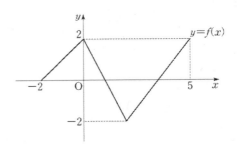

$\displaystyle\lim_{x \to 0} \frac{|x^2 - f(a)x| + 2x^2}{x^2 - 2x} = -\frac{1}{2}$을 만족하는 상수 a의 개수를 구하시오. [4점]

① 2   ② 3   ③ 4   ④ 5   ⑤ 6

11. 최고차항의 계수가 음수인 이차함수 $f(x)$가 $f(0)=1$, $f'(0)=1$을 만족한다. $x \geq 0$일 때, [보기] 중 옳은 것을 모두 고르시오. [4점]

<보 기>

ㄱ. $f(x) \leq 1+x$

ㄴ. $1+xf'(x) \leq f(x)$

ㄷ. $\dfrac{x\{1+f(x)\}}{2} \leq \displaystyle\int_0^x f(t)dt \leq x+\dfrac{1}{2}x^2$

① ㄱ   ② ㄷ   ③ ㄱ, ㄴ

④ ㄱ, ㄷ   ⑤ ㄱ, ㄴ, ㄷ

12. 최고차항의 계수가 1이고 상수항을 포함한 모든 항의 계수가 정수인 삼차함수 $f(x)$가 다음 조건을 만족시킨다.

(가) 방정식 $f(x)=0$은 서로 다른 세 실근을 갖는다.

(나) 함수 $|f(x)|$는 $x=3$에서 극댓값 1을 갖는다.

(다) $f'(0) \times f'(1) < 0$

$f(4)$의 값은? [4점]

① 2   ② 4   ③ 6   ④ 8   ⑤ 10

13. 수열 $\{a_n\}$이 모든 자연수 n에 대하여 다음 조건을 만족한다.

> (가) $a_{2n} = 2a_n$
>
> (나) $a_{2n-1} = 2a_n + 1$ $(n \neq 1)$

$a_5 + a_7 = 28$일 때, a_9의 값을 구하시오. [4점]

① 28 ② 31 ③ 35 ④ 39 ⑤ 43

14. 최고차항의 계수가 1인 삼차함수 $f(x)$에 대하여 함수 $g(x)$를

$$g(x) = \{f(x) + 1\}^2$$

라고 할 때, 두 함수 $f(x)$, $g(x)$가 다음을 만족한다.

> (가) $f(0) = -1$이고 함수 $f(x)$는 구간 $(0,\ 3)$에서 극솟값을 갖는다.
>
> (나) 함수 $g(x)$는 $x = 0$, $x = 3$에서만 극솟값을 갖는다.

$f(4)$의 값을 구하시오. [4점]

① 15 ② 18 ③ 24 ④ 28 ⑤ 32

15. 그림과 같이 곡선 $y=x^3+x^2$ 위의 점 $P(t, \ t^3+t^2)$ $(t>0)$에서 이 곡선에 접하는 직선 l이 x축과 만나는 점을 Q라 하고, 점 P를 지나고 직선 l에 수직인 직선 m이 y축과 만나는 점을 R라 하자. $\angle ORP=\theta$, 사각형 PQOR의 외접원의 둘레 길이를 $f(t)$라 한다. [보기] 중 옳은 것을 모두 고르시오. [4점]

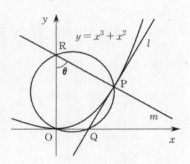

───────〈보 기〉───────

ㄱ. $\tan\theta = 3t^2+2t$

ㄴ. $\overline{OP}=\overline{QR}\sin\theta$

ㄷ. $\lim\limits_{t\to\infty}\dfrac{f(t)}{t^3}=\pi$

① ㄱ　　　　② ㄴ　　　　③ ㄱ, ㄴ

④ ㄱ, ㄷ　　　⑤ ㄱ, ㄴ, ㄷ

단답형

16. $0<\theta<\dfrac{\pi}{2}$인 각 θ에 대하여 3θ와 4θ를 나타내는 동경이 y축에 대칭인 모든 θ의 합이 $\dfrac{q}{p}\pi$이다. $p+q$의 값을 구하시오. [3점]

17. 다항함수 $f(x)$가 다음 조건을 만족한다.

(가) 모든 실수 x, y에 대하여
$$f(x+y)=f(x)+f(y)+3xy(x+y)$$
(나) $f'(0)=2$

$f(2)$의 값을 구하시오. [3점]

18. 그림과 같이 곡선 $y=x^2$위의 점 $\mathrm{P}(t,\ t^2)$에서의 접선 l과 접선 l에 수직이면서 점 P를 지나는 직선 m이 있다. 두 직선 $l,\ m$에 모두 접하면서 중심이 y축 위에 있는 원의 넓이를 $S(t)$라고 할 때, $\displaystyle\lim_{t\to 0}\frac{S(t)}{\pi t^2}$의 값을 구하시오. (단, t는 양의 실수) [3점]

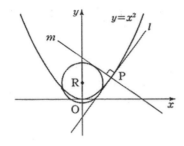

19. 닫힌 구간 $[0,\ 1]$에서 연속인 함수 $f(x)$에 대하여 함수 $F(x)$를

$$F(x)=\int_0^x f(t)dt\ (0\le x\le 1)$$

라 할 때, 두 함수 $f(x),\ F(x)$가 다음 조건을 만족시킨다.

(가) 함수 $f(x)$는 닫힌 구간 $[0,\ 1]$에서 증가하고 $\displaystyle\int_0^1 \{f(x)+|f(x)|\}dx=6$이다.

(나) 함수 $F(x)$는 $x=a(0<a<1)$에서 극솟값 -1을 갖는다.

$\displaystyle\int_0^1 |f(x)|dx$의 값은? [3점]

20. 함수 $f(x)=\displaystyle\int_0^1 |t-x|dt$일 때, $\displaystyle\int_0^2 f(x)dx$의 값은 $\dfrac{p}{q}$이다. $p+q$의 값을 구하시오. (단, $p,\ q$는 자연수) [4점]

21. 원 O에 내접하는 삼각형 ABC에서 $\overline{AB}=\overline{AC}$, $\overline{BC}=6$이다. 선분 BC의 연장선 위의 점 P에 대하여 선분 AP와 원 O가 만나는 점을 Q라 하면 $\overline{AQ}:\overline{QP}=1:3$이다. $\overline{CQ}=3$일 때, $\overline{AB}^2$의 값을 구하시오. [4점]

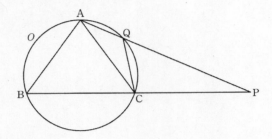

22. 최고차항의 계수가 1인 삼차함수 $f(x)$에 대하여 함수 $g(x)$를

$$g(x)=\begin{cases} f(x+2) & (x<0) \\ \displaystyle\int_0^x tf'(t)dt & (x\geq 0) \end{cases}$$

라고 정의한다. 함수 $g(x)$가 다음 조건을 만족하도록 하는 함수 $f(x)$에 대하여 $f'(4)$의 최댓값을 구하시오. [4점]

> (가) $g(x)$는 실수 전체에서 미분가능하다.
> (나) 함수 $|g(x)|$의 그래프는 오직 한 점에서 미분가능하지 않다.

---

* 확인 사항

○ 답안지의 해당란에 필요한 내용을 정확히 기입(표기)했는지 확인 하시오. ○

제 2 교시

수학 영역(미적분)

5지선다형

23. $\lim\limits_{x \to \frac{\pi}{2}} \dfrac{1-\sin x}{\left(\dfrac{\pi}{2}-x\right)\cos x}$ 의 값은? [2점]

① $\dfrac{1}{16}$　　② $\dfrac{1}{8}$　　③ $\dfrac{1}{4}$　　④ $\dfrac{1}{2}$　　⑤ 1

24. 실수 전체에서 미분가능한 함수 $f(x)$가 모든 실수 x에 대하여

> (가) $f(x) > -1$, $f(0) = 0$
> (나) $f'(x) - f(x) = 1$

을 만족한다. $f(1)$의 값을 구하시오. [3점]

① $e-1$　　② e　　③ $e+1$　　④ $e+2$　　⑤ $2e$

25. 함수 $y = f(x)$가 역함수를 가질 때, 그 역함수를 $y = g(x)$라 하자. 함수 $y = f(e^x - 1)$의 역함수가 존재할 때, 그 역함수를 $y = h(x)$라 하자. 이때, $h'(x)$를 $g(x)$와 $g'(x)$로 나타낸 것을 고르시오. [3점]

① $\dfrac{g'(x)}{1 - g(x)}$　　② $\dfrac{1 - g'(x)}{g(x)}$　　③ $\dfrac{g'(x)}{g(x)}$

④ $\dfrac{1 + g'(x)}{g(x)}$　　⑤ $\dfrac{g'(x)}{1 + g(x)}$

26. 그림과 같이 한 변의 길이가 3인 정사각형 $A_1B_1C_1D$에서 선분 $1 : 2$로 내분하는 점을 E_1이라 하고, 세 점 삼각형 $B_1C_1E_1$을 색칠한 부분을 R_1이라 하자. 그림 R_1에서 선분 E_1D 위의 점 A_2, 선분 E_1C_1 위의 점 B_2, 선분 C_1D 위의 점 C_2와 점 D를 꼭짓점으로 하는 정사각형 $A_2B_2C_2D$를 그린다. 정사각형 $A_2B_2C_2D$에서 선분 A_2D를 $1 : 2$로 내분하는 점을 E_2라 하고 삼각형 $B_2C_2E_2$를 색칠하여 얻은 그림을 R_2라 하자. 이와 같은 과정을 계속하여 n번째 얻은 그림 R_n에 색칠되어 있는 부분의 넓이를 S_n이라 할 때, $\lim\limits_{n \to \infty} S_n$의 값을 구하시오.

[3점]

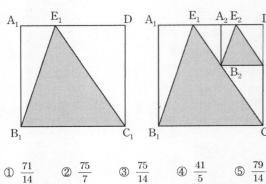

① $\dfrac{71}{14}$　　② $\dfrac{75}{7}$　　③ $\dfrac{75}{14}$　　④ $\dfrac{41}{5}$　　⑤ $\dfrac{79}{14}$

27. 함수 $f(x) = x^2 + \dfrac{\ln|x-2|}{2}$ 에 대하여 다음 중 옳은 것을 모두 고르시오. [3점]

<보 기>

ㄱ. $y = f(x)$의 변곡점의 개수는 두 개다.

ㄴ. $f(x) = 1$의 양수인 모든 실근의 합은 4보다 크다.

ㄷ. 구간 $\dfrac{1}{2} < x < 1$에서 $f'(x) = 1$을 만족하는 실수 x가 존재한다.

① ㄱ   ② ㄱ, ㄴ   ③ ㄱ, ㄷ
④ ㄴ, ㄷ   ⑤ ㄱ, ㄴ, ㄷ

28. 구간 $(0,\ 2\pi)$에서 정의되고 연속함수 $f(x)$가 다음 조건을 만족한다.

(가) $f(0) = 1,\ f(x) > 0$

(나) $x \neq \dfrac{\pi}{2},\ \dfrac{3\pi}{2}$인 모든 실수 x에 대하여

$$\int_0^x \frac{f(t)\cos t}{f'(t)}\,dt = x$$이다.

$f(x)$위의 점 $(s,\ f(s))$에서의 접선과 $f(x)$의 교점의 개수를 $g(s)$라고 할 때, 함수 $g(s)$의 불연속 점의 개수를 구하시오. (단, $0 < s < 2\pi$) [4점]

① 1   ② 2   ③ 3   ④ 4   ⑤ 5

29. 자연수 n에 대하여 다음 조건을 만족하는 두 정수 a, b의
순서쌍의 $(a,\ b)$의 개수를 a_n이라 하자.

(가) $0 \le a \le n$

(나) $-\sqrt{na} \le b \le \dfrac{2a^2}{n}$

$30 \times \lim\limits_{n \to \infty} \dfrac{a_n}{2n^2+1}$ 의 값을 구하시오. [4점]

30. 최고차항의 계수가 양수인 이차함수 $f(x)$에 대하여 함수
$g(x) = \sin\left\{\dfrac{\pi}{2}f(x)\right\}$가 다음 조건을 만족한다.

(가) $g(1) = 0$

(나) 함수 $g(x)$는 $x = 1$에서 극대이다.

함수 $g(x)$가 $x = \alpha$에서 극소이고 $\alpha > 1$인 모든 α를 작은
수부터 차례대로 α_1, α_2, α_3, $\cdots$ 이라 할 때, n번째 수를
α_n이라 하자. $\alpha_3 = 4$일 때, $f'(\alpha_1)$의 값을 구하시오. [4점]

* 확인 사항
○ 답안지의 해당란에 필요한 내용을 정확히 기입(표기)했는지 확인
하시오. ○

5지선다형

1. 미분가능한 함수 $f(x)$에 대하여 $\lim\limits_{x \to 1} \dfrac{x^2 - f(x^2)}{x - 1} = 4$일 때, $f'(1)$의 값은? [2점]

① -2 ② -1 ③ 0 ④ 1 ⑤ 2

2. 방정식 $x^{\log_2 x} = 8x^3$의 두 실근의 곱을 구하시오. [2점]

① 2 ② 4 ③ 6 ④ 8 ⑤ 10

3. 최고차항의 계수가 1인 이차함수 $f(x)$와 직선 $y = ax + 1$이 만나는 두 교점의 x좌표가 $x = -1$, $x = 2$일 때, $f(0)$의 값을 구하시오. [3점]

① -2 ② -1 ③ 0 ④ 1 ⑤ 2

4. 공차가 음수인 등차수열 $\{a_n\}$의 첫째항부터 제n항까지의 합을 S_n이라 하자. $S_3 = 3$, $|S_7| = 14$일 때, a_5의 값을 구하시오. [3점]

① $-\dfrac{3}{2}$ ② $-\dfrac{5}{2}$ ③ -3 ④ $-\dfrac{7}{2}$ ⑤ -5

5. 두 수열 a_n, b_n이 다음을 만족한다.

> (가) $\lim\limits_{n\to\infty}\dfrac{a_n}{3n-1}=\dfrac{1}{2}$
>
> (나) 모든 자연수 n에 대하여
> $5n^2-1<n(2a_n+b_n)<5n^2+n$이다.

$\lim\limits_{n\to\infty}\dfrac{b_n}{3n+1}$의 값을 구하시오. [3점]

① $\dfrac{1}{3}$ ② $\dfrac{2}{3}$ ③ $\dfrac{1}{2}$ ④ 1 ⑤ $\dfrac{3}{2}$

6. 최고차항의 계수가 1이고 다음 조건을 만족시키는 삼차함수 $f(x)$의 극댓값은? [3점]

> (가) $f(2)=0$
> (나) 모든 실수 x에 대하여 $(x+1)f(x)\geq 0$이다.

① 2   ② 3   ③ 4   ④ 5   ⑤ 6

7. 최고차항의 계수가 1인 삼차함수 $f(x)$가 다음 조건을 만족한다.

> (가) $f(0)f'(0)=0$
> (나) $\lim\limits_{x\to2}\dfrac{f(x)-1}{x-2}=0$

$f(1)$이 가질 수 있는 모든 값의 합을 구하시오. [3점]

① $\dfrac{15}{4}$ ② $\dfrac{17}{4}$ ③ $\dfrac{19}{4}$ ④ $\dfrac{21}{4}$ ⑤ $\dfrac{23}{4}$

8. 두 함수 $f(x)=3^{x-4}$, $g(x)=\log_3(x-2)+2$에 대하여 [보기]에서 옳은 것만을 있는 대로 고른 것은? [3점]

---<보 기>---

ㄱ. $f^{-1}(x-2)=g(x)+2$이다.

ㄴ. $y=f(x)$와 $y=g(x)$의 그래프는 두 점에서 만난다.

ㄷ. $y=f(x)$의 그래프와 $y=g(x)$의 그래프는 직선 $y=x-2$에 대하여 대칭이다.

---

① ㄱ   ② ㄴ   ③ ㄱ, ㄴ

④ ㄴ, ㄷ   ⑤ ㄱ, ㄴ, ㄷ

9. 임의의 실수 x에 대하여 두 함수 $f(x)$, $g(x)$가 다음 조건을 만족한다.

(가) $g(x)=f(x)\left(\displaystyle\int_0^x f(t)dt-1\right)$

(나) $\displaystyle\int_0^2 g(x)dx=\dfrac{3}{2}$

$\displaystyle\int_0^2 f(x)dx$의 값을 구하시오. (단, $f(x)\geq 0$) [4점]

① 2   ② 3   ③ 4   ④ 5   ⑤ 6

10. 연속함수 $f(x)$가 구간 $(-1, 1)$에서 적어도 하나의 실근을 갖는다. 다음 중 구간 $(-1, 1)$에서 적어도 하나 이상의 실근을 갖는 함수를 모두 고르시오. [4점]

---<보 기>---

ㄱ. $f(2x-1)$

ㄴ. $f(x^2)$

ㄷ. $f(x)+f(-x)$

---

① ㄱ   ② ㄱ, ㄴ   ③ ㄱ, ㄷ

④ ㄴ, ㄷ   ⑤ ㄱ, ㄴ, ㄷ

11. 두 점 $(2, 0)$, $(0, k)$ $(k>0)$를 지나는 직선이 두 곡선 $y=\log_2 x$, $y=\log_2 x^2$와 만나는 교점의 x좌표를 각각 p, q라고 한다. [보기]에서 옳은 것을 모두 고르시오. (단, $p>q>0$) [4점]

<보 기>

ㄱ. $(q-1)\log_2 p < (p-1)\log_2 q^2$

ㄴ. $k>2$이면 $\log_2 q^2 > 1$이다.

ㄷ. $\log_2 \dfrac{p}{q^2} = -\dfrac{k}{2}(p-q)$

① ㄱ   ② ㄷ   ③ ㄱ, ㄴ

④ ㄱ, ㄷ   ⑤ ㄱ, ㄴ, ㄷ

12. 그림과 같이 양의 실수 t에 대하여 곡선 $y=x^2$ 위의 점 $P(t, t^2)$에서의 접선을 l이라 하고, x축에 접하고 점 P에서 직선 l에 접하는 원을 C, y축에 접하고 점 P에서 직선 l에 접하는 원을 C'이라 하자. 원 C, C'의 반지름의 길이를 각각 t에 대한 함수 $f(x)$, $g(x)$라 할 때, $\displaystyle\lim_{t\to\infty} \dfrac{t\times g(t)}{f(t)}$의 값을 구하시오. (단, O는 원점) [4점]

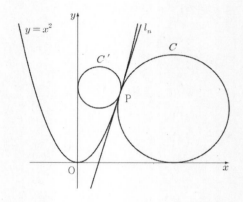

① $\dfrac{1}{2}$ ② $\dfrac{1}{4}$ ③ $\dfrac{1}{6}$ ④ $\dfrac{1}{8}$ ⑤ $\dfrac{1}{10}$

13. 공차가 d인 등차수열 $\{a_n\}$이 다음 조건을 만족한다.

> (가) 공차 d는 0이 아니다.
>
> (나) $\displaystyle\sum_{k=1}^{4} a_k = \left| \sum_{k=1}^{12} a_k \right| + 8d$

$a_n a_{n+1} \le 0$을 만족하는 모든 n의 값의 합을 구하시오. [4점]

① 15   ② 18   ③ 20   ④ 22   ⑤ 25

14. 최고차항 계수가 양수인 사차함수 $f(x)$가 $f'(-1)=f'(0)=0$, $f(-1)<f(0)$이고, 실수 t에 대하여 함수 $g(x)=|f(x)-t|$가 미분가능하지 않은 실수 x의 개수를 $h(t)$라고 할 때, 함수 $h(t)$가 다음을 만족한다.

> (가) 함수 $h(t)$는 $t=1,\ 2$에서만 불연속이다.
>
> (나) $h(t)$는 $t=2$에서 극한값이 존재하지 않는다.

$f(2)$의 값을 구하시오. [4점]

① 8   ② 10   ③ 12   ④ 16   ⑤ 20

15. 함수 $f(x) = 2^{1-|x|}$와 양수 t에 대하여 함수 $g(x)$를

$$g(x) = \begin{cases} f(x) & (f(x) \leq t) \\ 2t - f(x) & (f(x) > t) \end{cases}$$

라 정의한다. 방정식

$$g(x)\{f(x) - t\} = 0$$

의 서로 다른 실근의 개수를 $h(t)$라 할 때, 함수 $h(t)$가 t_1, t_2 $(t_1 < t_2)$ 두 점에서 불연속이다. $t_2 \times h(t_1)$의 값을 구하시오. [4점]

① 4   ② 6   ③ 8   ④ 10   ⑤ 12

16. 다항함수 $f(x)$가

$$\lim_{x \to 0} \frac{x^2 f\left(\frac{1}{x}\right) - 1}{x^2 + x} = 2, \quad f(1) = 4$$

을 만족할 때, $f(2)$의 값을 구하시오. [3점]

17. 수열 $\{a_n\}$이

$$\sum_{k=1}^{n} k^2 a_k = n^2 + n + 1$$

을 만족시킬 때, $\sum_{k=1}^{10} ka_k$의 값을 구하시오. [3점]

18. 최고차항의 계수가 음수인 이차함수 $f(x)$의 그래프와 직선 $y=-x$가 원점 O와 점 P$(n,\ -n)$에서 만난다. $\int_0^n f(x)dx=0$일 때, 곡선 $y=f(x)$와 직선 $y=-x$로 둘러싸인 도형의 넓이를 S_n라 할 때, $\displaystyle\lim_{n\to\infty}\frac{S_n}{2n^2+3n}=\frac{q}{p}$이다. $p+q$의 값을 구하시오. (단, p, q는 서로소인 자연수) [3점]

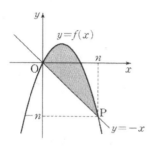

19. 최고차항의 계수가 1인 삼차함수 $f(x)$가 다음 조건을 만족한다.

(가) 방정식 $f(x)=x$는 서로 다른 두 실근을 가진다.
(나) 함수 $f(x)$는 서로 다른 두 실근을 갖는다.

$f(0)=0$일 때, $f(1)$의 모든 값의 합을 구하시오. [3점]

20. 최고차항의 계수가 1이고 2에서 근을 갖는 두 삼차함수 $f(x)$, $g(x)$에 대하여 $h(x)=\dfrac{f(x)}{g(x)}$라고 하자.

(가) $h(x)$는 2와 p에서 각각 극한값 0을 갖는다.
(나) $h(x)=(x-2)(x-p)$는 0과 1에서 근을 갖는다.

$g(3)$의 값을 구하시오. (단, $p\neq 0,\ 1,\ 2$) [4점]

21. 그림과 같이 반지름의 길이가 1인 원에 내접하는 사각형 ABCD에서 ∠BCD = 60°이고 $2\overline{AB} = \overline{AD}$이다. 사각형 ABCD에서 대각선 $\overline{BD}$와 $\overline{AC}$의 교점을 E라 할 때, 점 E는 선분 BD를 3:4로 내분한다. 삼각형 BCD의 넓이를 $\dfrac{q}{p}\sqrt{3}$이라 할 때, $p+q$의 값을 구하시오. (단, p, q는 서로소인 자연수) [4점]

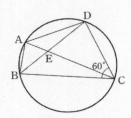

22. 다항함수 $f(x)$가 다음 조건을 만족시킨다.

> (가) 실수 t에 대하여 곡선 $f(x)$ 위의 점 $(t, f(t))$에서 그은 접선의 x절편은 $t - \dfrac{f(t)}{t^2 - 4t}$이다. ($t \neq 0,\ 4$)
>
> (나) $f(k) = 0$ (k는 상수)

함수 $g(x)$를

$$g(x) = \begin{cases} f(k+x) & (x \geq 0) \\ f(k-x) & (x < 0) \end{cases}$$

로 정의할 때, 함수 $g(x)$의 서로 다른 실근의 개수가 3개를 만족하는 모든 정수 k값의 합을 구하시오. [4점]

제2교시

수학 영역(미적분)

5지선다형

23. $\lim\limits_{x \to 0} \dfrac{(1-\cos x)\tan x}{x-\sin x}$ 의 값을 구하시오. [2점]

① 1　　　② 2　　　③ 3　　　④ 4　　　⑤ 5

24. 곡선 $y=\ln|x|$ 위의 두 점 $(t,\ \ln t)$, $(-t,\ \ln t)$에서 접하는 원 C의 넓이를 $S(t)$라 할 때, $\lim\limits_{t \to 0+} \dfrac{10S(t)}{\pi t^2}$ 의 값을 구하시오. (단, $t>0$) [3점]

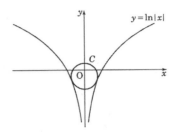

① 8　　　② 10　　　③ 12　　　④ 14　　　⑤ 16

25. 실수 전체의 집합에서 연속인 함수 $f(x)$가 모든 실수 t에 대하여

$$\int_0^2 x f(tx)\,dx = 4t^2$$

을 만족시킬 때, $f(2)$의 값은? [3점]

① 1 　　② 2 　　③ 3 　　④ 4 　　⑤ 5

26. 함수 $f(x) = \sin x \left(0 \le x \le \dfrac{\pi}{2}\right)$의 역함수 $g(x)$에 대하여

$$\int_0^{\frac{\sqrt{2}}{2}} \frac{2}{g'(x)}\,dx$$의 값을 구하시오. [3점]

① $\dfrac{1}{2}+\dfrac{\pi}{4}$ 　　② $\dfrac{1}{2}+\dfrac{\pi}{2}$ 　　③ 1

④ $1+\dfrac{\pi}{4}$ 　　⑤ $1+\dfrac{\pi}{2}$

27. 구간 $0 \leq x \leq 2\pi$에서 정의된 함수 $f(x) = 2(1+\sin x)\cos x$에 대하여 [보기] 중 옳은 것을 모두 고르시오. [3점]

<보 기>

ㄱ. 함수 $f(x)$는 세 점에서 극값을 갖는다.

ㄴ. 함수 $f'(x)$가 $x = \alpha$에서 최솟값을 가지면 $f(\alpha) = 0$이다.

ㄷ. $0 \leq x \leq 2\pi$일 때, 방정식 $\displaystyle\int_0^x f(x)dx = 0$은 서로 다른 세 실근을 갖는다.

---

① ㄱ　　　　② ㄴ　　　　③ ㄱ, ㄴ
④ ㄴ, ㄷ　　　⑤ ㄱ, ㄴ, ㄷ

28. 최고차항의 계수가 $\dfrac{1}{2}$인 삼차함수 $f(x)$와 함수 $g(x) = -|x|(x-2)e^{-x}$에 대하여, 합성함수 $g(f(x))$가 다음 조건을 만족한다.

(가) $f(x) = 0$은 서로 다른 두 실근을 갖는다.

(나) $g(f(x)) = 0$이 서로 다른 네 실근을 갖는다.

함수 $g(f(x))$의 그래프가 극솟값을 갖도록 하는 x값을 차례로 $x_1, x_2, x_3, \cdots, x_n$이라 할 때, $\displaystyle\sum_{k=1}^{n-1}(x_k - x_1)$의 값을 구하시오.

[4점]

① 4　　② 5　　③ 6　　④ 8　　⑤ 10

단답형

29. 실수 전체의 집합에서 미분가능한 함수 $f(x)$가 다음 조건을 만족시킨다.

> (가) $f'(0) = 1$
> (나) 모든 실수 x에 대하여 $f(x) > 0$이다.
> (다) 모든 실수 x, y에 대하여 $f(x+y) = f(x)f(y)e^{xy}$이다.

$\ln f(2)$의 값을 구하시오. [4점]

30. 원점을 중심으로 하고 반지름의 길이가 1인 원 C_1과 그 위의 점 P에 대하여, 원 C_1의 P에서의 접선과 중심이 $(1, 0)$이고 반지름의 길이가 1인 원 C_2가 만나는 두 점을 각각 A, B라 하자. 점 P의 y좌표를 t라고 하고 A, B가 만드는 두 호 중 짧은 호의 길이를 t에 대한 함수 $f(t)$라 정의할 때, $f'\left(\dfrac{4}{5}\right) = -\dfrac{q}{p}\sqrt{21}$이다. $p+q$의 값을 구하시오. (단, p, q는 서로소인 자연수) [4점]

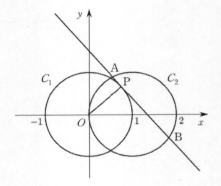

2024학년도 모의평가 정답 및 해설

수학 영역 1회

수학(공통) 정답

1	③	2	③	3	③	4	①	5	③
6	③	7	④	8	②	9	⑤	10	③
11	④	12	④	13	①	14	④	15	④
16	220	17	10	18	5	19	4	20	17
21	111	22	4						

해설

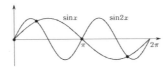

*본 모의고사의 정답 및 해설은 네이버 밴드 [최석호 2024 수학 모의고사]의 강의 영상을 기본으로 간이 해설지를 첨부하였습니다. 기타 문의 사항은 카카오톡 '최석호 수능 연구소' 1:1 메세지를 통해 문의 바랍니다. 감사합니다.

1. [출제의도] 삼각함수 계산

$\dfrac{1}{\cos^2\theta}+\dfrac{\tan\theta}{\cos\theta}$ 통분하면

$=\dfrac{1+\sin\theta}{\cos^2\theta}=\dfrac{1+\sin\theta}{1-\sin^2\theta}$

$=\dfrac{1+\sin\theta}{(1+\sin\theta)(1-\sin\theta)}$

$=\dfrac{1}{1-\sin\theta}$ 에서 $\sin\theta=\dfrac{1}{3}$ 이므로

$=\dfrac{3}{2}$

2. [출제의도] 극한 유리화 계산

$\lim\limits_{x\to1}\sqrt{x+a}-2=0$ 이므로 $a=3$

$\lim\limits_{x\to1}\dfrac{x-1}{(x-1)(\sqrt{x+3}+2)}$

$\lim\limits_{x\to1}\dfrac{1}{(\sqrt{x+3}+2)}=\dfrac{1}{4}=b$

$a=3,\ b=\dfrac{1}{4}$

$a+b=\dfrac{13}{4}$

3. [출제의도] 등비 수열 계산

$a_4=ar^3=24$

$\dfrac{a_5a_7}{a_9}=\dfrac{ar^4\times ar^6}{ar^8}=ar^2=12$

$a=3,\ r=2$

$a_2=6$

4. [출제의도] 그래프 극한

$\lim\limits_{x\to1^-}f(x)f(x-2)=(-1)\times1=-1$

$\lim\limits_{x\to1^+}f(x)f(x-2)=1\times(-1)=-1$

$\lim\limits_{x\to1}f(x)f(x-2)=-1$

5. [출제의도] 삼차 그래프 추론

*영상 참조

(가), (나) $f'(2)=0,\ f(-1)=f(2)$ 에서

$f(x)=(x+1)(x-2)^2+k$

(나) $f(0)=3$ 이므로 $k=-1$

$f(x)=(x+1)(x-2)^2-1$

$f(4)=19$

6. [출제의도] 삼각함수 그래프의 근

구간 $[0,2\pi]$ 에서 $\sin x=\sin2x$ 의 그래프는

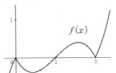

이므로 $x=0$ 과 $x=\pi$ 에 대칭인 세 근 네 근의 합은 $0+(\pi\times3)=3\pi$

7. [출제의도] 절댓값 그래프 적분

*영상 참조

$g(x)=x(x-1)(x-2)$ 라 하면 함수 $f(x)$는 $x=0,\ 2$ 를 경계로 각각 $g(x),\ -g(x),\ g(x)$ 의 값을 가지므로

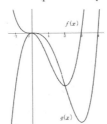

$\int_0^2 f(x)dx=0$ 이고, $\int_0^3 f(x)dx=\int_2^3 f(x)dx$

$\int_0^3 f(x)dx=-\int_{-1}^0 f(x)dx$

$\int_0^{-1} f(x)dx=\dfrac{9}{4}$

8. [출제의도] 다항함수 관계 추론

*영상 참조

$f(x)=x^2(x-3)$

$g(x)=\dfrac{1}{4}x^3(x-4)$

$g(3)=-\dfrac{27}{4},\ |g(3)|=\dfrac{27}{4}$

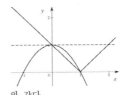

9. [출제의도] 극한 근 개수 비교

*영상 참조

$f(x)$ 의 $(x-2)$ 차수가 n개이면 $f'(x)$ 의 $(x-2)$ 차수는 $n-1$개이므로

$f(x)=(x-2)^2(x-\alpha)$

$(x-\alpha)$ 의 값을 k라 놓으면

준식 $\lim\limits_{x\to2}\dfrac{2k(x-2)(x-2)^3}{k^2(x-2)^4}=\dfrac{2}{k}=\dfrac{2}{3}$

$k=3,\ \alpha=-1$

$f(x)=(x-2)^2(x+1)$

$f(3)=4$

10. [출제의도] 함수 곱 미분 가능 판정

*영상 참조

함수 $f(x-\alpha)+\beta$ 즉, $f(x)$의 그래프를 x축으로 α만큼 이동한 그래프는 $f(x)$가 근을 갖는 $x=0,\ \dfrac{3}{2}$ 또는 $f(x)$가 첨 점인 $x=1$에서 미분 불가능한 점을 가질 수 있으므로 $t=-1,\ \dfrac{1}{2},\ 0$

t값의 합은 $-1+\dfrac{1}{2}+0=-\dfrac{1}{2}$

11. [출제의도] 방정식 선택 함수

*영상 참조

$f(x)=1-x^2$ 또는 $f(x)=|x-1|$ 이므로

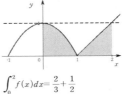

와 같다.

구간 $(0,2)$ 에서 $\{f(x)-1\}^2$ 의 넓이가 최소인 $f(x)$는 $y=1$ 그래프와 가까운 값의 집합이므로

$\int_0^2 f(x)dx=\dfrac{2}{3}+\dfrac{1}{2}$

답 $\dfrac{7}{6}$

12. [출제의도] 삼각함수 도형

*영상 참조

외접원의 반지름을 R이라 하면

$\dfrac{2}{\sin C}=2R$ 에서 $R=\dfrac{8}{\sqrt{15}}$

sin법칙에서 $\dfrac{2}{\sin C}=\dfrac{4}{\sin A}$ 이므로

$\sin A=\dfrac{\sqrt{15}}{4},\ \cos A=\dfrac{1}{4}$

원의 중심을 O라 하면

$\angle BOD=\angle BAC$ 이므로

삼각형BOD는 $\overline{BO}=\overline{DO}=R$ 이고

$\cos(\angle BOD)=\dfrac{1}{4}$ 인 이등변 삼각형이다.

cos법칙에서 $\overline{BD}=\dfrac{4\sqrt{6}}{3}$

13. [출제의도] 등차급수 추론 복합

*영상 참조

a_n을 좌표평면 위의 함수 $a_n=an+b$라 하면 $a_3a_4\leq0$ 이므로 a_n은 3과 4사이에서 근을 가지는 직선

공차 a가 양수일 때, $\sum\limits_{k=1}^{3}a_k=-6,\ (2,-2)$를 지나는 직선이며 $1\leq a_5\leq4$,

$a_5=1,\ 2,\ 3,\ 4$

공차 a가 음수일 때, $\sum\limits_{k=4}^{5}a_k=-6,\ (\dfrac{9}{2},3)$을 지

1

나는 직선이며 $-4 \le a_5 \le -6$,
$a_5 = -4, \; -5, \; -6$
$(1+2+3+4)+(-4-5-6) = -5$

14. [출제의도] 그래프 추론
*영상 참조

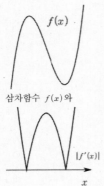

삼차함수 $f(x)$와

도함수 $|f'(x)|$에 대하여 두 그래프의 합
$g(x) = f(x) + |f'(x)|$는 다음과 같다.

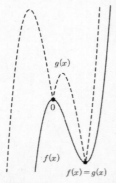

그림에서 $f(x) = g(x)$인 두 교점은 각각
(가) $x = 0$, (나) 양수이므로
두 교점 중 왼쪽이 $x = 0$
(다)에서 $g(x)$의 그래프는 x축과 두 교점을 가
지고, 4개 교점을 갖는 최솟값이 $y = 32$이므로

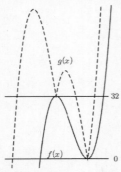

삼차함수 $f(x)$의 극댓값과 극솟값의 차이가 32
$f(x) = x^2(x-6) + 32$
$f'(x) = 3x(x-4)$
$g(1) = f(1) + |f'(1)|$
$= 27 + |-9| = 36$

15. [출제의도] 수열 귀납적 정의
*영상 참조

준 식과 조건 (가)에서
$a_4 = 5$
$a_3 = 2, \; 5+p$
$a_2 = 0, \; 2+p, \; 5+2p$
$a_1 = -1, \; p, \; 2+2p, \; 5+3p$
$p = 31 + 9 + 3$
$= 43$ (조건 (나)에서 $a_1 \ne -1$)

16. [출제의도] 수열 급수
$a_{10} = \sum_{k=1}^{10} k(n-k+1)$
$= n\sum_{k=1}^{10} k - \sum_{k=1}^{10} k^2 + \sum_{k=1}^{10} k$
$= 10 \times 55 - 385 + 55$
$= 220$

17. [출제의도] 다항함수 항등식
*영상 참조
$f(x) = x^n \cdots$이라 하면 $f'(x) = nx^n \cdots$이므로
준 식 $2f(x) = (x-1)\{f'(x)+3\}$에서
좌우 계수 비 2는 $f(x)$의 최고차항 차수와 같
다. 즉, $f(x)$는 이차함수
$f(x) = (x-1)(\cdots)$에서 $(x-1)$인수를 가지므로
$f(x) = (x-1)(x-a)$
$2f(x) = (x-1)\{f'(x)+3\}$, 양변 $(x-1)$약분
$2(x-a) = 2x-a+2, \; a = -2$
$f(x) = (x-1)(x+2)$
$f(3) = 10$

18. [출제의도] 극한 마지막 그림
*영상 참조
$\lim_{t \to 1}$일 때, 점 P의 좌표는 $(1, -1) \cdots$이므로
직선 OP의 기울기는 $-1 \cdots$
$f'(x) = 2x-2 = -1$을 만족하는
점 Q의 좌표는 $\left(\dfrac{1}{2}, \; -\dfrac{3}{4}\right) \cdots$

직선 OQ의 기울기는 $\dfrac{\left(-\dfrac{3}{4}\right)}{\left(\dfrac{1}{2}\right)} = -\dfrac{3}{2} \cdots$

답 $p + q = 5$

19. [출제의도] 등차 급수 절댓값 추론
*영상 참조
$S_3 - 3 = \pm 3$
$S_3 = 0, \; 6$이므로 $a_2 = 0, \; 2$
$S_7 = \pm 14$이므로 $a_4 = 2, \; -2$
수열 a_n의 공차, 기울기는

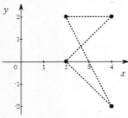

$0, -1, 1, -2$ 중 0을 제외한 나머지 합은
답 $-1+1-2 = -2$

20. [출제의도] 속도 그래프 변화량
*영상 참조
$v(t)$는 t에 대한 사차함수

점 P가 운동 방향을 두 번 바꾸도록 하는 양수
a는 $v(t)$가 서로 다른 두 실근과 중근을 가져야
하므로 $a = -\dfrac{1}{2}$, $a = 1$

$a = -\dfrac{1}{2}$일 때,

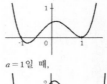

$a = 1$일 때,

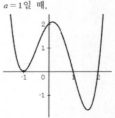

점 P의 위치 변화량 $\int_{-1}^{1} v(t) dt$의 최댓값은

$a = 1$에서 $v(t) = (t^2-1)(t+1)(t-2)$

$\int_{-1}^{1} v(t) dt$은 대칭 구간에 대한 적분으로

기함수 소거, 우함수 $2\int_0^1$하면

$2\int_0^1 t^4 - 3t^2 + 2dt = \dfrac{12}{5}$

21. [출제의도] 지수 로그 그래프 교점 운동
*영상 참조

22. [출제의도] 그래프 추론 복합
*영상 참조

수학(미적분) 정답

23	①	24	①	25	①	26	④	27	⑤
28	5	29	6	30	18				

23. [출제의도] 초월함수 적분
$\int_0^{\frac{\pi}{2}} \dfrac{\sin 2x}{\sin^2 x + 1} dx$ (*$\sin 2x = 2\sin x \cos x$)

$= \int_0^{\frac{\pi}{2}} \dfrac{2\sin x \cos x}{\sin^2 x + 1} dx$

$= \left[\ln(\sin^2 x + 1)\right]_0^{\frac{\pi}{2}}$

$= \ln 2$

24. [출제의도] 음함수 미분
$\dfrac{\ln y + 2}{e^x} = 2y$, 양변 $\times e^x$

$\ln y + 2 = 2ye^x$, 양변 x에 대하여 미분

$\dfrac{y'}{y} = 2(y'e^x + ye^x)$, $(0, 1)$대입하면

$y' = 2(y' + 1)$

$y' = -2$

25. [출제의도] 함수의 극한
*영상 참조

26. [출제의도] 매개 변화율
*영상 참조
점 P의 좌표 $(a, \; e^a)$라 하면 기울기 $t = e^a$
P에서 접선의 방정식은 $y = e^a(x-a) + e^a$

2

$y=0$ 대입하면 x 절편 Q는 $a-1$

점 P에서 x 축에 수선의 발을 내리면

선분 PQ의 기울기 t 이므로

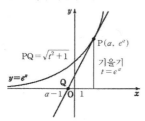

직각 삼각형의 각 변 1: t: $\sqrt{t^2+1}$

$f(t) = \sqrt{t^2+1}$

$f'(t) = \dfrac{t}{\sqrt{t^2+1}}$, $f'(e) = \dfrac{e}{\sqrt{e^2+1}}$

27. [출제의도] 함수 곡선 길이

*영상 참조

$1 \le x \le t$ 에서 곡선 $f(x)$ 의 길이는

$\displaystyle\int_1^t \sqrt{f'(t)^2+1}\,dt$

$\displaystyle\int_1^t \sqrt{f'(t)^2+1}\,dt = \ln t + f(t) - \dfrac{1}{4}$, 양변 미분하면

$\sqrt{f'(t)^2+1} = \dfrac{1}{t} + f'(t)$, 양변 제곱

$f'(t)^2+1 = \dfrac{1}{t^2} + \dfrac{2}{t}f'(t) + f'(t)^2$, 정리하면

$\dfrac{1}{2}\left(t - \dfrac{1}{t}\right) = f'(t)$, 양변 적분

$f(t) = \dfrac{1}{4}t^2 - \dfrac{1}{2}\ln t + c$, $f(1) = \dfrac{1}{4}$ 이므로 $c=0$

$f(t) = \dfrac{1}{4}t^2 - \dfrac{1}{2}\ln t$

$f(e) = \dfrac{e^2}{4} - \dfrac{1}{2}$

28. [출제의도] 극한 그래프 복합

*영상 참조

$f(x) = \displaystyle\lim_{n\to\infty} \dfrac{x^{2n+1}+x+1}{x^{2n}+1}$ 의 그래프와

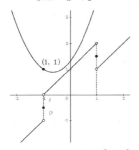

$g(x) = (x+1)(x-t)+1$ 의 그래프는

점 $(-1, 1)$ 과 $(t, 1)$ 를 지나는 이차식으로 t 값의 움직임에 따라 $t>-1$ 에서 4번, $t<-1$ 에서 1번의 $h(t)$ 가 불연속인 점을 갖는다.

29. [출제의도] 삼각함수 합성 판정

*영상 참조

$f(x)$ 는 $3e^x + ax + b$ 에 $|\sin x|$ 를 합성한 함수 속 함수 $|\sin x|$ 가 $y=0$ 에서 첨 점이므로 겉 함수 $3e^x + ax + b$ 는 $x=0$ 에서 기울기 0을 가져야 전 구간에서 미분가능하며 $x=0$ 에서 최솟값 1을 갖는다.

$g(x) = 3e^x + ax + b$ 라 하면

$g'(0) = 3+a = 0$, $a = -3$

$g(0) = 1$,

$3+b = 1$, $b = -2$

$ab = 6$

30. [출제의도] 등비수열 극한

*영상 참조

수학 영역 2회

수학(공통) 정답

1	①	2	③	3	③	4	④	5	③
6	②	7	⑤	8	①	9	⑤	10	③
11	③	12	④	13	⑤	14	①	15	⑤
16	5	17	8	18	8	19	19	20	4
21	174	22	64						

1. [출제의도] 삼각함수 계산

$\dfrac{1}{\cos^2\theta} + \dfrac{\tan\theta}{\cos\theta}$

$= \dfrac{1+\sin\theta}{\cos^2\theta} = \dfrac{1+\sin\theta}{1-\sin^2\theta} = \dfrac{1+\sin\theta}{(1+\sin\theta)(1-\sin\theta)}$

$= \dfrac{1}{1-\sin\theta} = \dfrac{3}{2}$

답 $\sin\theta = \dfrac{1}{3}$

2. [출제의도] 수열 귀납적 정의

$a_{n+1} = a_n + n$ 에서

$n=3$ 일 때, $a_4 = a_3 + 3$ 이고

$a_2 + a_3 = a_4$ 이므로

$a_2 = 3$

$a_3 = a_2 + 2 = 3+2 = 5$

3. [출제의도] 미분 가능성

$x \le 2$ 일 때, $f'(x) = 2x+a$,

$f'(2) = 4+a = 2$, $a=-2$

$f(x) = x^2 - 2x + 1 = 1$

$= 4+b$, $b=-3$

$a+b = -5$

4. [출제의도] 로그 계산

$\log_5 12 = \dfrac{\log 12}{\log 5}$

$= \dfrac{2\log 2 + \log 3}{1 - \log 2}$

$= \dfrac{2p+q}{1-p}$

5. [출제의도] 함수 극한

*영상 참조

$\displaystyle\lim_{n\to\infty}$ 일 때, 직선 $y=nx$ 는 점점 y 축에 가까워지므로 원은 점 A, B, y 축에 접하는 원에 가까워진다. 반지름의 극한은 2..이므로, 원의 중심 좌표 극한값은 $(2, \sqrt{3})$.., 답은 $2+\sqrt{3}$

6. [출제의도] 역함수 적분

*영상 참조

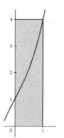

$\displaystyle\int_0^1 f(x)\,dx + \int_1^4 g(x)\,dx$ 는 사각형 넓이와 같으므로 답은 4

7. [출제의도] 그래프 곱 판정

*영상 참조

8. [출제의도] 삼각함수 도형

*영상 참조

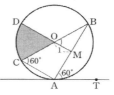

선분 $\overline{AC}$ 에 대하여 각 $\angle BCA = 60°$

$\angle BOM = 60°$ 이므로 반지름 $\overline{OB} = 2$

원의 넓이 4π

부채꼴 OCD의 넓이 $\dfrac{2}{3}\pi$

9. [출제의도] 등차수열 추론

*영상 참조

등차수열 $a_n = an + b$ 좌표평면 위의 직선으로 표현하면 $a_1 a_3 \le 0$ 에서 $a_1 a_3$ 은 0 혹은 부호가 바뀌어야 하고, 즉, $1 \le n \le 3$ 에서 근을 갖는다.

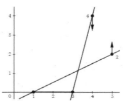

$a_4 \le 4$, $a_5 \ge 2$ 를 만족하는 직선 중 공차 a(직선의 기울기)의 최댓값 4, 최솟값 $\dfrac{1}{2}$

$M+m = 4 + \dfrac{1}{2} = \dfrac{9}{2}$

10. [출제의도] 도함수 정의 고찰

*영상 참조

11.~15번

*영상 참조

16. [출제의도] 다변수 적분

$\displaystyle\int_0^x (x-t)f(t)\,dt = x^3 + ax^2 - 5x + b$ 양변 미분

$\displaystyle\int_0^x f(t)\,dt = 3x^2 + 2ax - 5$

$x=1$ 대입하면 $a=1$

$\int_1^x (x-t)f(t)dt = x^3 + x^2 - 5x + b$

$x=1$ 대입하면 $b=3$,

답 $2a+b=5$

17. [출제의도] 다항함수의 극한

*영상 참조

$\lim\limits_{x\to\infty}\{xf(x) - x^3 + 2x\} = 2x^2..$

$\lim\limits_{x\to\infty}\{xf(x) - x^3..\} = 2x^2..$

$\lim\limits_{x\to\infty}\{xf(x)\} = x^3 + 2x^2..$

$\lim\limits_{x\to\infty} f(x) = x^2 + 2x..$

$f(x)$는 원점 $(0, 0)$을 지나므로

$f(x) = x^2 + 2x$

$f(2) = 8$

18. [출제의도] 등차급수 성질

*영상 참조

[개념]직선 a_n의 그래프가 $n=10$에서 근을 가

지면, 등차급수 S_n은 원점을 지나고 $n-\dfrac{1}{2}$

즉, 9.5을 대칭축으로 갖는 이차함수이다.

$\sum\limits_{k=n}^{n+3} S_k$의 최댓값은 S_8, S_9, S_{10}, S_{11}의 합이므로

답 $n=8$

20. [출제의도] 함수 관계 추론

*영상 참조

$f(x) - g(x) = kx^2(x-1)(x-3)$

$\int_0^1 \{f(x) - g(x)\}dx = \dfrac{1}{5}$에서 $k=1$

$f(2) - g(2) = -4$

21. [출제의도] 지수 로그 정수해

*영상 참조

$3\log_4\left(\dfrac{2}{n-1}\right)$의 값을 정수 N이라 놓으면

$\log_4\left(\dfrac{2}{n-1}\right) = \dfrac{N}{3}$

$\dfrac{2}{n-1} = 2^{\frac{2N}{3}}$, 양변 역수, $\times 2.$ $+1$차례로 넘기면

$n = 2^{-\frac{2N}{3}+1} + 1$

n의 값은 3의 배수인 N에 따라

$2^{2X+1} + 1$꼴 임을 알 수 있다.

자연수 n은 2^1+1, 2^3+1, 2^5+1, 2^7+1

$3 + 9 + 33 + 129 = 174$

수학(미적분) 정답

23	⑤	24	②	25	①	26	③	27	③
28	②	29	8	30	1				

23 [출제의도] 초월함수의 극한

$\lim\limits_{x\to 0}\dfrac{x(e^{\sin 2x} - a)}{1 - \cos x}$

$= \lim\limits_{x\to 0}\dfrac{x(e^{\sin 2x} - a)}{\frac{1}{2}x^2..}$

$= \lim\limits_{x\to 0}\dfrac{(e^{\sin 2x} - a)}{\frac{1}{2}x..}$ 에서 $\dfrac{0}{0}$꼴 이므로 $a=1$

$= \lim\limits_{x\to 0}\dfrac{(e^{\sin 2x} - 1)}{\frac{1}{2}x..}$

$= \lim\limits_{x\to 0}\dfrac{\sin 2x..}{\frac{1}{2}x..} = 4$, $b=4$

답 $a+b = 1+4 = 5$

24 [출제의도] 수열 급수 극한

$n=1$일 때, $a_1 = \dfrac{3}{2}$

$\lim\limits_{n\to\infty} S_n = \dfrac{3n}{n+1} = 3$

$\lim\limits_{n\to\infty}\sum\limits_{k=1}^n (a_n + 2a_{n+1})$은

$= \lim\limits_{n\to\infty}\sum\limits_{k=1}^n a_n + 2\lim\limits_{n\to\infty}\sum\limits_{k=1}^n a_{n+1}$

$= \lim\limits_{n\to\infty} S_n + 2\lim\limits_{n\to\infty}(S_{n+1} - a_1)$

$= 3 + 2\times(3 - \dfrac{3}{2}) = 6$

25. [출제의도] 정적분 급수

$\lim\limits_{n\to\infty}\sum\limits_{k=1}^n \dfrac{2k}{n^2 + k^2}$, 무한급수 정적분은 $\times\dfrac{1}{n}$이 필요

$\lim\limits_{n\to\infty}\sum\limits_{k=1}^n \dfrac{2kn}{n^2 + k^2}\times\dfrac{1}{n}$

$\lim\limits_{n\to\infty}\sum\limits_{k=1}^n \dfrac{2\frac{k}{n}}{1 + \left(\frac{k}{n}\right)^2}\times\dfrac{1}{n}$, $\dfrac{k}{n} = x$로 치환하면

$= \int_0^1 \dfrac{2x}{1+x^2}dx = [\ln(x^2+1)]_0^1$

$= \ln 2$

26. [출제의도] 도형의 극한

*영상 참조

$\lim\limits_{\theta\to 0}\dfrac{\theta S(\theta) T(\theta)}{R(\theta)}$에서

$\lim\limits_{\theta\to 0} S(\theta) = 1$

$\lim\limits_{\theta\to 0} T(\theta) = \dfrac{1}{2}(2\theta..)(2\theta..) = 2\theta^2..$

$\lim\limits_{\theta\to 0} R(\theta) = \dfrac{1}{2}(2\theta..)(2\theta^2..) = 2\theta^3..$

$\lim\limits_{\theta\to 0}\dfrac{\theta S(\theta) T(\theta)}{R(\theta)} = \dfrac{\theta(1..)(2\theta^2..)}{2\theta^3..} = 1$

28. [출제의도] 다변수 함수 적분

$f(x) = \int_0^x (xt - t^2)e^{x-t}dt$

$x-t = s$로 치환하면, $-dt = ds$

$f(x) = \int_x^0 \{x(x-s) - (x-s)^2\}e^s(-ds)$

$= \int_0^x \{(xs - s^2)e^s\}ds$

$= x\int_0^x se^s ds - \int_0^x s^2 e^s ds$

$f'(x) = \left\{\int_0^x se^s ds + x^2 e^x\right\} - x^2 e^x$

$= \int_0^x se^s ds$

$f''(x) = xe^x$

*영상 참조

30. [출제의도] 그래프 복합 추론

*영상 참조

$f(x) = (x^2 + ax + b)e^x$, $a=-3$

$f'(x) = (x^2 - x - 3 + b)e^x$

$f''(x) = (x^2 + x..)e^x$

$f''(x) = 0$의 두 근의 합은 -1

답 1

수학 영역 3회

수학(공통) 정답

1	④	2	②	3	③	4	④	5	③
6	②	7	③	8	①	9	⑤	10	④
11	⑤	12	②	13	②	14	①	15	⑤
16	11	17	12	18	1	19	4	20	7
21	24	22	18						

1. [출제의도] 삼각함수 계산

$\dfrac{\sin\theta}{1+\cos\theta} + \dfrac{1+\cos\theta}{\sin\theta}$, 통분하면

$= \dfrac{\sin^2\theta + \cos^2\theta + 2\cos\theta + 1}{(1+\cos\theta)\sin\theta}$

$= \dfrac{2(\cos\theta + 1)}{(1+\cos\theta)\sin\theta}$

$= \dfrac{2}{\sin\theta} = \dfrac{5}{2}$, $\sin\theta = \dfrac{4}{5}$

$\tan\theta = \dfrac{4}{3}$

2. [출제의도] 수열 귀납적 정의

$a_4 = 9$, $a_3 = 5$, $a_2 = 3$,

$a_1 = 2$

3. [출제의도] 다항함수 극한

조건 (가)에서 $\lim\limits_{x\to\infty} f(x) = 2x^2..$ (최고차)

(나)에서 $\lim\limits_{x\to 0} f(x) - 1 = 3x..$ (최저차)

$\lim\limits_{x\to 0} f(x) = 3x + 1..$

(가), (나)에서 $f(x) = 2x^2 + 3x + 1$

$f(1) = 6$

4. [출제의도] 지수 계산

$5^x = 4$, $a^y = 2$

$5 = 4^{\frac{1}{x}} = 2^{\frac{2}{x}}$, $a = 2^{\frac{1}{y}}$

$5\times a = 2^{\left(\frac{2}{x} + \frac{1}{y}\right)} = 2^3$

$a = \dfrac{8}{5}$

5. [출제의도] 삼차함수 접선 관계

*영상 참조

$f(x)$와 $(0, 1)$에서의 두 접선을 각각 l, m이라

하면 중심이 1인 삼차 접선 관계를 이루므로

교점은 각각 0, $\dfrac{3}{2}$과 0, 3

$(0+3) + \left(0 + \dfrac{3}{2}\right) = \dfrac{9}{2}$

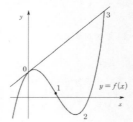

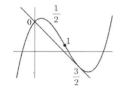

6. [출제의도] 수열 급수 복합
*영상 참조
준 식에 $n-1$을 넣으면
$$\sum_{k=1}^{n-1}(a_k - a_{k-1}) = a_n - a_1 = 2n-1$$
$n=4$ 대입하면 $a_4 - a_1 = 8 - a_1 = 7$
$a_1 = 1$, $a_n = 2n$ $(n \neq 1)$
$$\sum_{k=1}^{10} a_n = 1 + 108 = 109$$

7. [출제의도] 다항함수 근 추론
*영상 참조
$f(1) = 0$에서 $f(x) = (x-1)(..)$
$\lim_{x \to 1} \dfrac{f(x)}{f(x+2)}$에서 $\dfrac{0}{0}$꼴이므로 $f(3) = 0$
$f(x) = (x-1)(x-3)(x-a)$
$\lim_{x \to 1} \dfrac{f(x)}{f(x+2)} = \dfrac{(x-1)(x-3)(x-a)}{(x+1)(x-1)(x+2-a)}$
$\lim_{x \to 1} \dfrac{(x-3)(x-a)}{(x+1)(x+2-a)}$
$\dfrac{(-2)(1-a)}{2(3-a)} = -\dfrac{1}{3}$, $a = 0$
$f(x) = (x-1)(x-3)x$
$f(4) = 12$

8. [출제의도] 그래프 최대 최소
*영상 참조
$\int_{-2}^{1} f(x)dx$의 최댓값과 최솟값 차이는

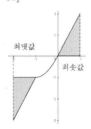

위 색칠한 부분 넓이와 같으므로 2

9. [출제의도] 그래프 최대 최소
*영상 참조
a_n은 $x^n = n-4$의 실근의 개수
n이 홀수 일 때,
$x^1 = -3$, $x^3 = -1$, $x^5 = 1$, $x^7 = 3$, $x^9 = 5$
실근의 개수 각 1개
n이 짝수 일 때,
$x^2 = -2$ (0개), $x^4 = 0$ (1개)
$x^6 = 2$ (2개), $x^8 = 4$ (2개), $x^{10} = 6$ (2개)
답 $\sum_{k=1}^{10} a_k = 12$

10. [출제의도] 극한 0 유효항
*영상 참조
$f(a) = \pm 1$, a의 값은 5개

---

11. [출제의도] 함수 수식 의미 해석
*영상 참조

12. [출제의도] 삼차함수 추론
*영상 참조

13. [출제의도] 수열의 귀납적 정의
*영상 참조
a_5와 a_7을 동시에 결정할 수 있는 $a_2 = k$라 하면
$a_2 = k$, $a_3 = 2k+1$, $a_5 = 4k+3$
한편, $a_2 = k$, $a_4 = 2k$, $a_7 = 4k+1$
즉, $a_5 + a_7 = 8k+4 = 28$
$k = 3$
답 $a_9 = 8k+7 = 31$

14. [출제의도] 그래프 합성
*영상 참조
$f(x) = x^2(x-3) - 1$
$f(4) = 15$

16. [출제의도] 단위 원 추론
*영상 참조
$0 < \theta < \dfrac{\pi}{2}$에서 $0 < 3\theta + 4\theta < \dfrac{7}{2}\pi$
3θ와 4θ가 y축에 대칭이려면
두 각의 평균이 y축. 즉, $\dfrac{\pi}{2}$, $\dfrac{3}{2}\pi$ ..
합 $3\theta + 4\theta$은 π, 3π ..이므로
$\theta = \dfrac{1}{7}\pi$, $\dfrac{3}{7}\pi$, $\dfrac{1}{7}\pi + \dfrac{3}{7}\pi = \dfrac{4}{7}\pi$
$p + q = 11$

17. [출제의도] 다변수 도함수 정의
*영상 참조
(가) 식을 x에 대하여 미분하면
$f'(x+y) = f'(x) + 3(2xy + y^2)$
$x = 0$대입하면
$f'(y) = 2 + 3y^2$
$f(y) = 2y + y^3 + c$ (c는 적분상수)
(가)식에 $(0, 0)$넣으면 $f(0) = 0$이므로
$f(y) = 2y + y^3$
답 $f(2) = 4 + 8 = 12$

20. [출제의도] 다변수 절댓값 함수
*영상 참조

24. [출제의도] 초월함수 적분 추론
*영상 참조
(나) $f'(x) = 1 - f(x)$
$\dfrac{f'(x)}{1 + f(x)} = 1$
$\ln\{1 + f(x)\} = x + c$, $f(0) = 0$에서 $c = 0$
$\ln\{1 + f(x)\} = x$
$f(x) = e^x - 1$
$f(1) = e - 1$

25. [출제의도] 합성함수 역함수
*영상 참조
$y = f(e^x - 1)$의 역함수 $h(x)$는

$x = f(e^y - 1)$
$g(x) = e^y - 1$
$g(x) + 1 = e^y$
$\ln\{g(x) + 1\} = y$
$h'(x) = \dfrac{g'(x)}{1 + g(x)}$

26. [출제의도] 도형 무한 등비 급수
*영상 참조
삼각형 $B_1C_1E_1$의 넓이 $\dfrac{1}{2}(3 \times 3) = \dfrac{9}{2}$
닮음비는 큰 사각형의 한 변 DC_1과 작은
사각형의 한 변 DC_2의 비와 같으므로 DC_2의
길이를 t라 하면 $DC_1 = t + \dfrac{3}{2}t$
$\dfrac{5}{2}t = 3$, $t = \dfrac{6}{5}$
닮음비 $\dfrac{6}{5} : 3$은 $\dfrac{2}{5}$, 넓이 비 $\dfrac{4}{25}$
답 $\dfrac{\frac{9}{2}}{1 - \frac{4}{25}} = \dfrac{75}{14}$

28. [출제의도] 그래프 합성 판정 복합
*영상 참조
$\int_0^x \dfrac{f(t)\cos t}{f'(t)}dt = x$, 양변 미분하면
$\dfrac{f(x)\cos t}{f'(x)} = 1$, $\dfrac{f'(x)}{f(x)} = \cos x$, 양변 ln취하면
$\ln f(x) = \sin x$, $f(x) = e^{\sin x}$

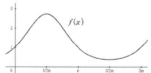

수학 영역 4회

수학(공통) 정답

1. [출제의도] 함수 극한
$\dfrac{0}{0}$꼴 분자, 분모 미분하면
$\lim_{x \to 1} \dfrac{2x - f'(x^2) \times 2x}{1} = 4$
$\dfrac{2 - f'(1) \times 2}{1} = 4$
답 $f'(1) = -1$

2. [출제의도] 로그 계산
양변 $\log_2$를 취하면
$(\log_2 x)^2 = 3 + 3\log_2 x$, $\log_2 x = X$로 치환하면
$X^2 - 3X - 3 = 0$
의 두 근을 $X = \log_2 \alpha$, $\log_2 \beta$라 하면
$\log_2 \alpha + \log_2 \beta = 3$ (근과 계수 관계)
$\log_2(\alpha \times \beta) = 3$

두 근의 곱 $\alpha \times \beta = 2^3 = 8$

3. [출제의도] 함수 관계 이용

방정식 $f(x) = ax+1$의 두 근이 -1, 2이고 최고차항 계수가 1인 이차식이므로

$f(x) - (ax+1) = (x+1)(x-2)$

$f(0) - 1 = -2$

답 -1

4. [출제의도] 등차급수 절댓값 추론

*영상 참조

$S_3 = 3$에서 $3a_2 = 3$이므로 $a_2 = 1$

$S_7 = 14$에서 $a_4 = \pm 2$

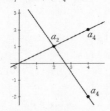

공차가 음수이므로 $a_4 = -2$

$a_n = -\dfrac{3}{2}(n-2) + 1$

$a_5 = -\dfrac{7}{2}$

5. [출제의도] 수열 극한

*영상 참조

$\lim\limits_{n\to\infty}\dfrac{a_n}{3n-1} = \dfrac{1}{2}$에서 $a_n = \dfrac{3}{2}n..$

$\lim\limits_{n\to\infty} 5n^2.. < n(2a_n + b_n) < 5n^2..$

$\lim\limits_{n\to\infty} 5n.. < (3n + b_n) < 5n..$

$\lim\limits_{n\to\infty} 2n.. < b_n < 2n..$

$\lim\limits_{n\to\infty}\dfrac{b_n}{3n..} = \dfrac{2}{3}$

6. [출제의도] 다항함수 추론

*영상 참조

$(x+1)f(x)$는 -1, 2에서 근을 가지고 실수 전체에서 양수이므로 두 중근을 갖는다.

$(x+1)f(x) = (x+1)^2(x-2)^2$

$f(x) = (x+1)(x-2)^2$

극댓값은 4

9. [출제의도] 적분 추론

*영상 참조

$F(x) = \displaystyle\int_0^x f(x)dx$, $G(x) = \displaystyle\int_0^x g(x)dx$라 할 때,

(가) $g(x) = f(x)\displaystyle\int_0^x f(t)dt - f(x)$ 양변 적분하면

$G(x) = \dfrac{1}{2}F(x)^2 - F(x)$

양 변 정적분 $[\ ]_0^2$ 취하면

$G(2) = \dfrac{1}{2}F(2)^2 - F(2)$, (나)에서

$\dfrac{3}{2} = \dfrac{1}{2}F(2)^2 - F(2)$

$F(2)^2 - 2F(2) - 3 = 0$

$\displaystyle\int_0^2 f(x)dx = 3$

13. [출제의도] 등차 수열 급수 추론

*영상 참조

등차수열 a_n은 n에 대한 일차식 $an+b$이고, 급수 $\displaystyle\sum_{k=1}^n a_k = S_n$은 공차 d에 대하여 $\dfrac{d}{2}$를 최고차항으로 하고 상수항이 0인 이차식 $S_n = \dfrac{d}{2}n(n-p)$라고 할 수 있다.

(나) $\displaystyle\sum_{k=1}^4 a_k = \left|\displaystyle\sum_{k=1}^{12} a_k\right| + 8d$에서 $S_4 = \pm S_{12} + 8d$

$\dfrac{d}{2}4(4-p) = \pm\dfrac{d}{2}12(12-p) + 8d$,

$(4-p) = \pm 3(12-p) + 4$

$p = 18$ 또는 9

$S_n = \dfrac{d}{2}n(n-9)$ 또는, $\dfrac{d}{2}n(n-18)$

1) $S_n = \dfrac{d}{2}n(n-9)$일 때, $a_n = d(n-5)$ *영상

$a_n a_{n+1} \leq 0$인 $n = 4, 5$

2) $S_n = \dfrac{d}{2}n(n-18)$일 때, $a_n = d\left(n - \dfrac{19}{2}\right)$

에서 $n = 9$

$n = 4 + 5 + 9 = 18$

14. [출제의도] 사차함수 추론

*영상 참조

$f(x) = (x-1)^2(x+1)^2 + 1$

$f(2) = 10$

15. [출제의도] 지수 그래프 추론

*영상 참조

$y = f(x)$ 그래프에 대하여

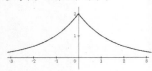

$g(x)$의 그래프는

$f(x) < t$에서는 $f(x)$

$f(x) > t$에서는 $y = t$에 대칭 함수이므로

t의 높이에 따라

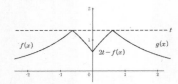

방정식 $g(x)\{g(x) - t\} = 0$은

$g(x) = 0$과 $g(x) = t$의 합집합이므로

t의 움직임에 따라 $t = 1$, 2 두 점에서 근의 개수가 바뀌고 불연속 $t_1 = 1$, $t_2 = 2$

$t = 1$일 때,

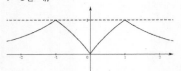

$h(t)$는 $g(x) = 0$에서 한 근, $g(x) = t = 1$에서 두 근, 총 세 실근을 갖는다. $h(t_1) = 3$

$t_2 \times h(t_1) = 2 \times 3 = 6$

17. [출제의도] 수열 급수

*영상 참조

$\displaystyle\sum_{k=1}^n k^2 a_k = n^2 + n + 1$

양변 n항에서 $n-1$항을 빼면

$\left[\displaystyle\sum_{k=1}^n k^2 a_k = n^2 + n + 1\right]_{n-1}^n$

$n^2 a_n = (2n-1) + 1 = 2n$

$na_n = 2$ (단. $n \geq 2$)

$n = 1$ 대입하면 $1a_1 = 3$

$\displaystyle\sum_{k=1}^{10} ka_k = 3 + (2 \times 9) = 21$

21. [출제의도] 도형 복합

*영상 참조

수학(미적분) 정답

23	③	24	②	25	④	26	①	27	④
28	①	29	4	30	103				

23. [출제의도] 삼각함수 극한

*영상 참조

$\lim\limits_{x\to 0}\dfrac{(1-\cos x)\tan x}{x - \sin x} = \dfrac{\left(\frac{1}{2}x^2..\right)x..}{x - \sin x} = \dfrac{\frac{1}{2}x^3..}{x - \sin x}$

$= \dfrac{\frac{3}{2}x^2..}{1 - \cos x} = \dfrac{\frac{3}{2}x^2..}{\frac{1}{2}x^2..} = 3$

25. [출제의도] 다변수 치환 적분

*영상 참조

$tx = s$라 치환하면 $tdx = ds$

준 식 $\displaystyle\int_0^{2t}\left\{\dfrac{s}{t}f(s)\right\}\dfrac{1}{t}ds = 4t^2$

$= \displaystyle\int_0^{2t} sf(s)ds = 4t^4$

양변 t에 대하여 미분하면

$= 2tf(2t) \times 2 = 16t^3$

답 $f(2) = 4$

28. [출제의도] 그래프 합성 복합

*영상 참조

극솟값을 갖는 x는 4개 $n = 4$

$\displaystyle\sum_{k=1}^3 (x_k - x_1) = (x_1 - x_1) + (x_2 - x_1) + (x_3 - x_1)$

$= 0 + 1 + 3 = 4$

30. [출제의도] 매개 변화율 복합

*영상 참조

x축과 직선 OP의 양의 방향이 이루는 각도를 θ라 하면 점 $P(\cos\theta, \sin\theta)$, $\sin\theta = t$

직선 AB는 점 P에서의 접선의 방정식이므로

$x\cos\theta + y\sin\theta = 1$, 점 $(1, 0)$과의 거리는

$\dfrac{|\cos\theta - 1|}{\sqrt{\cos^2\theta + \sin^2\theta}} = 1 - \cos\theta$

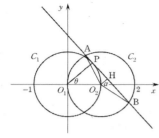

원 C_2의 중심을 O_2라 하면, 점 O_2에서 직선 AB 에 수선의 발을 H 내려 삼각형을 만들면 변의 길이가 각각 반지름 1, $O_2H = 1 - \cos\theta$인 직각 삼각형이 된다. 각 BO_2H를 α라 잡으면

$\cos\alpha = \dfrac{1 - \cos\theta}{1}$

호의 길이 $f(t) = r \times 2\alpha$이므로

$f'(t) = 2\alpha'$

$\cos\alpha = \dfrac{1 - \cos\theta}{1}$에서 양변을 t로 미분하면

$-\sin\alpha \times \alpha' = \sin\theta \times \theta'$

$\sin\theta = t$이므로 양변을 t에 대해 미분하면

$\cos\theta \times \theta' = 1$

$f'\left(\dfrac{4}{5}\right)$에서 $t = \dfrac{4}{5} = \sin\theta$이므로

$\cos\theta = \dfrac{3}{5}$ 대입하면 $\theta' = \dfrac{5}{3}$

$-\sin\alpha \times \alpha' = \sin\theta \times \theta'$에 대입하면 각각

$-\sin\alpha \times \alpha' = \dfrac{4}{5} \times \dfrac{5}{3}$

$\cos\alpha = 1 - \cos\theta$에서 $\cos\alpha = \dfrac{2}{5}$이므로

$\sin\alpha = \dfrac{\sqrt{21}}{5}$

즉, $-\dfrac{\sqrt{21}}{5} \times \alpha' = \dfrac{4}{5} \times \dfrac{5}{3}$,

$\alpha' = -\dfrac{20\sqrt{21}}{63}$

$f'(t) = 2\alpha' = -\dfrac{40\sqrt{21}}{63}$

$p + q = 103$